『十二五』国家重点图书出版规划项目

国家出版基金资助项目

国家出版基金项目
NATIONAL PUBLICATION FOUNDATION

民国乡村建设

晏阳初

华西实验区档案选编·社会调查②

璧山县河边乡农会会员经济调查表 9-1-237（2）

1　237卷　250页

璧山縣　鄉農會會員經濟調查表

第　頁

（上方批注）	會員號數	姓名	所種稻田面積 自有（畝）	所種稻田面積 租佃（畝）	所種 自有（畝）	[illegible]	有耕牛幾頭	有豬幾頭	耕作家工數 男（人）	耕作家工數 女（人）	備註
半	105	范禎玉	6	1				2	1	2	
自	110	范義安	5		1		1	4	2	5	
自	109	王春林	1		0.5		1	2	2	2	
佃	106	范玉合		15		1	1	2	3	4	
2 半	108	封清雲		15	1		1	1	3	1	
自	107	范禎五	12		3		1	2	3	2	
自	311	楊海庸	20		2			2	2	1	
2 佃	310	向海林				1		1	2	1	
自	313	胡順清	7		1		1	3	4	2	
3 自	259	胡輝光	10		1		1	3	3	4	
		合計	61	31	9.5	2	7	22	25	25	

調查意見

註

壁山县河边乡农会会员经济调查表 9-1-237（3）

2 4 6

壁山縣　鄉農會會員經濟調查表　第3頁

會員號數	姓名	自/半	所種稻田面積 自有（畝）	所種稻田面積 租佃（畝）	所種地面積 自有（畝）	所種地面積 租佃（畝）	有耕牛頭數（頭）	有猪頭數（頭）	耕作家工數 男（人）	耕作家工數 女（人）	備註
462	范紹臣	自	5		1		1	1	2	2	
[illegible]	范明全	半	6	5	1	1	1	1	2	1	重
276	張仲良	自	16		1		1	2	2	3	
重	張海云	半	8	12	1		1	2	3	5	重
275	胡適均	自	10		2			2	1	2	
112	范海彬	自	10		0.4		1	1	3	2	
205	范祥玉	半	4	4	0.1	0.5		1	2	1	
198	張九華	自	2		0.4		1		1	1	
197	張正云	自	8		1		1	1	1	5	
208	胡威侯	半	10	10	1	1	1	6	1	2	
	合計		79	31	8.9	2.5	8	17	18	24	

調查意見

調查時間 三十六年十一月十五日

填表人

璧山县河边乡农会会员经济调查表 9-1-237（4）

璧山縣　鄉農會會員經濟調查表

第廿頁

會員號數	姓名	所種稻田面積 自有（畝）	所種稻田面積 租佃（畝）	所種地面積 自有（畝）	所種地面積 租佃（畝）	有耕牛幾頭	有猪幾頭	耕作家工數 男（人）	耕作家工數 女（人）	備註
38	賀光燦		10		1	1	2	1	2	
39	賀全修	1					2	1	1	
40	雷見奇	4		0.5		1	1	1	1	
41	賀濟農	5		0.1		1	2	4	3	
42	吳吉三			0.5			1	2	1	
43	賀全安	8		0.5		1	2	2	2	
33	賀水清	2		0.5			1	1	1	
44	賀述清	1		0.5	1		3	2	1	
32	賀特山	4		0.4			4	2	5	
45	賀炳云	2		0.1				2	1	
合計		27	10	3.1	11	4	18	18	18	

調查意見

璧山縣　鄉農會會員經濟調查表

第　頁

標記	會員號數	姓名	所種稻田面積 自有（畝）	所種稻田面積 租佃（畝）	所種旱地面積 自有（畝）	所種旱地面積 租佃（畝）	有耕牛幾頭	有猪幾頭	耕作家工數 男（人）	耕作家工數 女（人）	備註
佃	193	楊沂光		5		1		1	2	1	
自	199	范錫林	3		0.3			2	2	1	
自	277	范国貞	20		2			2	1	2	
佃	278	楊銀山		30		1	1	2	4	5	
自	463	范雲順	10		1			2	3	2	
1 半	31	賀德章	1	2	0.5		1	2	3	2	
自	35	賀恒淵	1		0.5		1	2	2	4	
佃	34	周東海			—	0.5		1	1	1	
4 佃	36	張正吉	[illegible]	10		10	1	2	1	2	
5 自	37	賀文揚	5		0.5			2	1	2	
		合計	38	27	4.8	12.5	4	18	20	22	

外

調查意見

調查時期　五〇年十一月十五日　　填表人

5

璧山縣　　鄉農會會員經濟調查表　第　頁

會員號數	13	14	15	17	21	28	29	16	30	46	合計
	自	自	自	自	佃 1	自	自	自	自	自 9	
姓名	賀文三	賀述全	賀履康	賀怪淵	賀洪清	賀廷棟	賀特生	賀守一	潘見淵	曾見軒	
所種稻田面積 自有（畝）	1	1	5	2	[illegible]	5	10	10			34
所種稻田面積 租佃（畝）					4						4
所種旱地面積 自有（畝）	0.5	0.5	0.1	0.5		1	0.1	0.2	0.5	0.5	3.9
所種旱地面積 租佃（畝）					10						10
有耕牛幾頭（頭）					1						1
有猪幾頭（頭）	1	1	2	2	2		1	2	1	1	13
耕作家工數 男（人）	2	1	3	2	3	1	2	2	1	3	20
耕作家工數 女（人）	1	2	2	2	2	2	2	2	1	1	17
備註	以死女張氏										

調查意見

調查時期 [illegible]年[illegible]月十五日　填表人

6

壁山縣＿＿鄉農會會員經濟調查表

第7頁

會員號數	姓名	註記	所種稻田面積 自有（畝）	所種稻田面積 租佃（畝）	所種旱地面積 自有（畝）	所種旱地面積 租佃（畝）	有耕牛頭數（頭）	有豬頭數（頭）	耕作家工數 男（人）	耕作家工數 女（人）	備註
670	田銀發	自	4		0.6			2	2	3	
19	弋全安	自	2		0.3			1	2	2	
18	弋全修	自	2		0.3		1	2	2	1	
20	弋仲良	自	3		0.4		1	2	2	2	
22	王海清	半 自?	4		0.5	0.5		2	2	1	
23	王淋廷（子洪光）	半	4		0.5	0.5		1	1	2	
24	謝雲清	2 佃		2		2		1	2	1	
25	彭仲山	佃		3		0.4		2	4	3	
27	吴雲臣	5 自	2		0.3			1	2	1	
145	羅紫清	3 半	4	3		1		3	3	3	
	合計		25	8	2.9	4.4	2	17	22	19	

調查意見

調查時期 三十一年十一月十五日

填表人

7

璧山縣　　鄉農會會員經濟調查表　　第8頁

會員號數	姓名	（上注）	所種稻田面積 自有	所種稻田面積 租佃	所種旱地面積 自有	所種旱地面積 租佃	有耕牛幾頭	有猪幾頭	耕作家工數 男	耕作家工數 女	備註
201	胡海廷	半	4畝	4畝	0.2畝	0.[illegible]畝	頭	2頭	3人	2人	
202	劉汝吉	自	10		1		1	3	2	2	
203	王述清	半	2	25	2	1	1	2	3	4	
196	范禎吉	自	10		0.5			1	4	3	
207	范長清	半	5		10	1		2	2	2	
206	范長興	4 半	0.5	4	0.3	1	2		3	2	
191	胡宗翰	自	10		1				1	3	
192	胡林山	自	50		5		1	4	3	3	
194	范合清	自	1		7			2	3	3	
195	楊述軒	3 自	6		1			2	1	1	
合計			985	33	23	32	5	18	25	25	

調查意見

調查時期　三十二年十一月十六日　　填表人

璧山县河边乡农会会员经济调查表　9-1-237（9）

8

璧山縣　鄉農會會員經濟調查表

會員號數	(標注)	姓名	所種稻田面積 自有(畝)	所種稻田面積 租佃(畝)	所種旱地面積 自有(畝)	所種旱地面積 租佃(畝)	有耕牛頭數	有豬頭數	耕作家工數 男(人)	耕作家工數 女(人)	備註
178	自	范水清	3		0.1			1	1	3	
174	自	范炳軒	1		1			1	1	2	
151	自	范均山	2		2		1	2	2	1	
691	自	羅炳全	2		2			1	2	3	
150	自	范錫章	3		3			3	3	2	
154	6 自	范銀清	3		2			1	2	1	
董	董	張云農				0.2		1	2	1	璧 董
8	佃	王海山				0.3		1	2	2	
159	佃	楊見林		1		0.4	1	2	2	3	
160	2 佃	楊自林		10		1.2	1	3	2	1	
合計			14	11	12.1	2.1	3	16	19	19	

調查意見

調查時期 卅八 年 十一 月 十六 日

填表人

璧山县河边乡农会会员经济调查表　9-1-237（10）

7

璧山縣　　鄉農會會員經濟調查表　第10頁

上方批注	會員號數	姓名	所種稻田面積 自有（畝）	所種稻田面積 租佃（畝）	所種旱地面積 自有（畝）	所種旱地面積 租佃（畝）	有耕牛幾頭	有豬幾頭	耕作家工數 男（人）	耕作家工數 女（人）	備註
佃	161	楊鳳林		4		1		1	1	2	
自	162	戴樹云			0.5				1	1	
自 5	164	賀光富	1		0.2		1	4	1	2	
自	165	汪樹高	5		2			1	1	1	一二〇〇
佃	167	吳怔安		20		2	1	2	3	2	
佃	168	楊銀安				0.5		1	2	2	一五〇〇
自	170	賀光雲	1		0.2		1	3	1	3	
半 1	171	李紹成		15	0.2	1	1	1	2	4	
佃 4	166	彭大學				0.2		1	1	2	
自		吳濟聖	3		1			1	1	2	
		合計	10	39	4.1	4.7	4	15	14	21	

調查意見

10

[illegible]農會會員經濟調查表

會員號數		姓名	所種稻田面積 自有（畝）	所種稻田面積 租佃（畝）	所種旱地面積 自有（畝）	所種旱地面積 租佃（畝）	有耕牛幾頭	有豬幾頭	耕作家工數 男（人）	耕作家工數 女（人）	備註
147	自	羅海民	2		.2		1	2	2	2	
148	半	羅明臣	1	7	.2	2	1	2	3	3	
163	半 2	羅治清	4	4	2		1	2	3	3	
173	自	羅得安	5		0.4			1	2	3	
149	自	范治臣	3		0.2		1	2	2	3	
152	自	范海廷	5		0.4		1	2	2	2	
153	自	范銀川	7		0.9		1	3	3	4	
156	佃 1	范述周		6		0.7	1	2	1	2	
158	自	范硯章	3		0.2			1	1	1	
169	自 7	范紹清	2		0.2		1	1	4	2	
合計			32	17	4.7	2.7	8	18	23	25	

調查意見

調查時期 三十七年十一月十六日

填表人

璧山县河边乡农会会员经济调查表　9-1-237（12）

11

璧山縣　鄉農會會員經濟調查表

第12頁

會員號數	姓名	（批註）	所種稻田面積 自有（畝）	所種稻田面積 租佃（畝）	所種旱地面積 自有（畝）	所種旱地面積 租佃（畝）	有耕牛幾頭	有豬幾頭	耕作家工數 男（人）	耕作家工數 女（人）	備註
1	周澤之	半	2		0.3	0.3	1	2	2	3	
2	周述生	自 6	3		0.3		1	1	2	3	
4	周九臣	自	6		0.4		1	3	2	3	
5	周家才	自	6		0.4		1	2	1	2	
6.	周炳清	自	3		0.2			1	2	2	
7.	周華山	半	3		0.3		1	2	2	1	
3	周平安	半	3	3	1			1	3	2	
146	周泉山	半 2		9	0	0.8	1	2	4	4	
175	周合林	自	2		1			2	1	2	
519	周仲先	佃 1		0.4					2	1	
合計			28	12.4	3.9	1.1	6	16	21	23	

調查意見

12

會員號數	姓名	所種稲田面積 自有（畝）	所種稲田面積 租佃（畝）	所種旱地面積 自有（畝）	所種旱地面積 租佃（畝）	有耕牛 幾頭	有猪 幾頭	耕作家工數 男（人）	耕作家工數 女（人）	備註
157	范樹軒（佃）		2		[illegible]		1	1	3	
520	張海云	8	1	2	1	1	2	3	5	
351	戴紹模（自）	20		1		1	3	2	2	
668	顏雲氏（自）	5		1			2	2	2	
352	羅怪淵（自）	8		1			2	4	3	
358	弋玉輝（自）	5		1			2	3	1	
353	羅程淵（自）	10		1		1	2	5	4	
357	鍾銀清（佃）				1		1	2	2	
669	羅雲臣（自）	3		8			2	3	2	
354	潘現章（自）	6		1		1	1	3	2	
	合計	65	3	88	25	4	18	26	26	

調查意見

調查時期　年　十一月　日

填表人

璧山县河边乡农会会员经济调查表 9-1-237（14）

13

璧山縣　鄉農會會員經濟調查表　第14頁

會員號數	姓名	所種稻田面積 自有（畝）	所種稻田面積 租佃（畝）	所種旱地面積 自有（畝）	所種旱地面積 租佃（畝）	有耕牛幾頭	有猪幾頭	耕作家工數 男（人）	耕作家工數 女（人）	備註
355（自）	胡炳臣	3		1			2	2	2	
356（半）	羅述標	1	4	1			4	4	2	
359（佃）	弋爍輝		3		0.5	1	2	5	5	
349（半）	弋銀清	5	5	1	1		2	2	2	
350（佃 2）	弋述清		3		0.5	1	1	1	3	
360（半）	周建三	2.5		0.5	.2		2	2	2	
301（自 2）	胡海全	5		1		1	2	2	2	
362（半）	楊明安	15		.6	1		1	2	4	
363（半）	弋俊良	3	5	1	1	1	2	2	1	
364（半 6）	鄧述良	325	8		1		2	[illegible]	2	
	合計	75	28	6.1	5.2	4	20	23	25	

調查意見

民國……十七日

填表人

14

會員號數		姓名	所種稻田面積 自有（畝）	所種稻田面積 租佃（畝）	所種旱地面積 自有（畝）	所種旱地面積 租佃（畝）	有耕牛幾頭	有豬幾頭	耕作家工數 男（人）	耕作家工數 女（人）	備註
365	自	龔錫章	10		1			2	2	1	
366	自	賀明山	20		2		1	4	4	3	
367	自	劉福安	5		1			2	1	1	
368	自	周清雲			1			1	1	1	
369	1 佃	龔煥廷		6		5		3	1	4	
370	自	龔洪軒	5		1			2	2	2	
371	1 半	戈述白	2	5	1	1		1	2	2	
372	自	龔銀發	5		1			2	1	3	
373	自	潘樹臣	6		1		1	2	5	1	
374	8 自	戈天錫	5		1			2	1	1	
合計			58	11	10	15	2	21	20	19	

調查意見

調查時期 卅二 十二 月 十七 日　填表人

壁山县河边乡农会会员经济调查表 9-1-237（16）

15

壁山縣　　鄉農會會員經濟調查表

第九頁

會員號數	姓名	所種稻田面積 自有（畝）	所種稻田面積 租佃（畝）	所種旱地面積 自有（畝）	所種旱地面積 租佃（畝）	有耕牛幾頭	有猪幾頭	耕作家工數 男（人）	耕作家工數 女（人）	備註	（眉批）
375	楊述安		6		1		2	2	1		佃 6
376	姜海雲		30		3	1	4	4	3		佃
377	楊金全	5		1			2	2	2		自 2
379	鄧炳章		5		1		2	1	1		佃
380	鄧海洲		5		1		1	1	1		佃
378	龔德明	5		1			1	1	1		自
312	胡煥章	1		2	2		3	5	4		半
572	胡桂三	3	5		2	1	2	3	2		佃
323	張海清				1		1	1	1		佃
565	胡善継	50			6	1	4	2	3		半 2
	合計	565	51	4	17	3	22	22	19		

調查意見

璧山县河边乡农会会员经济调查表 9-1-237（17）

16

會員號數	備註(上注)	姓名	所種稻田面積 自有	所種稻田面積 租佃	所種旱地面積 自有	所種旱地面積 租佃	有耕牛幾頭	有猪幾頭	耕作家工數 男	耕作家工數 女	備註
316	1 半	胡興發	1畝	6畝	1畝	1畝	1頭	2頭	2人	3人	
566	佃	胡洪光		20		2	1	3	2	1	
311	自	胡金全	3		1			2	3	2	
313	自	胡相清	2		1			2	1	2	
567	自	胡朝炊	15		1			3	2	1	
549	自	胡重則	15		1		1	1	2	2	
568	3 佃	靳漢章		20		2	1	4	2	2	
318	自	胡重周	10		1			3	3	2	
319	佃	楊炳臣		15		1		2	2	3	
550	6 自	胡棟臣	40		2			2	3	3	
合計			86	61	8	6	4	24	22	21	

調查意見

調查時期 [illegible]年[illegible]月十七日 填表人

璧山县河边乡农会会员经济调查表　9-1-237（18）

17

璧山縣　　鄉農會會員經濟調查表　第18頁

	會員號數	姓名	所種稻田面積 自有（畝）	所種稻田面積 租佃（畝）	所種旱地面積 自有（畝）	所種旱地面積 租佃（畝）	有耕牛幾頭	有猪幾頭	耕作家工數 男（人）	耕作家工數 女（人）	備註
5 自	320	胡吉五	15		1		1	3	4	4	
佃	322	雷述清		20		1	1	4	2	1	
佃	321	徐述林		38		2	1	4	2	2	
佃	371	雷银臣		20		1	1	2	3	3	
佃	163	張全山				15畝			2	1	
自	173	徐海林	2		18			2	4	2	
自	225	胡良文	10		1			3	3	1	
自	169	胡相臣	20		1			1	1	1	
5 佃	326	劉雲清		10		1		2	2	1	
自	163	胡紹清	6		1		1		3	4	
		合計	53	80	42	51	5	21	26	20	

調查意見

璧山縣……鄉農會會員經濟調查表

18

	會員號數	姓名	所種稻田面積 自有（畝）	所種稻田面積 租佃（畝）	所種旱地面積 自有（畝）	所種旱地面積 租佃（畝）	有耕牛幾頭	有豬幾頭	耕作家工數 男（人）	耕作家工數 女（人）	備註
自	513	胡月初	1		0.5		1	3	2	2	
半 1	514	胡海清	2	2	0.5	0.5		2	2	3	
自	515	胡先明	10		1			3	2	4	
自	516	胡廷金	20		1			1	2	1	
佃 1	517	劉炳膔		1		1		2	1	2	
自	518	胡時雍	15		1			2	3	2	
自	519	胡俊川	8		1		1	3	2	2	
自	511	胡俊良	20		1			2	3	1	
自	512	胡吉昌	10		1				1	1	
自 8	513	楊金三	1		0.1			1	2	1	
		合計	87	3	7.1	1.5	2	19	20	19	

調查意見

調查時期 [illegible]年十一月十八日　填表人

璧山县河边乡农会会员经济调查表 9-1-237（20）

19

璧山縣　鄉農會會員經濟調查表

第20頁

會員號數	姓名	所種稻田面積 自有（畝）	所種稻田面積 租佃（畝）	所種旱地面積 自有（畝）	所種旱地面積 租佃（畝）	有耕牛幾頭（頭）	有猪幾頭（頭）	耕作家工數 男（人）	耕作家工數 女（人）	備註
555	朱銀三（佃）		5		1	1	2	2	2	
556	胡澤安（自）	20		1			1	2	1	
557	胡明德（自）	20		1			2	2	1	
558	何述清（半）（1）	3	60	0.5	2	1	4	4	4	
590	羅恒之（自）	15		1		1	3	4	1	
561	張海林（佃）				0.3		2	2	2	
562	胡孟修（自）	20		1			1	2	5	
570	代海云（佃）（3）		30		3	1	4	3	3	
574	田銀發（自）	5		1			2	3	2	
324	胡廷吉（自）（6）	4		1			2	2	3	
合計		87	95	6.5	6.3	4	23	26	24	

調查意見

璧山县河边乡农会会员经济调查表 9-1-237（21）

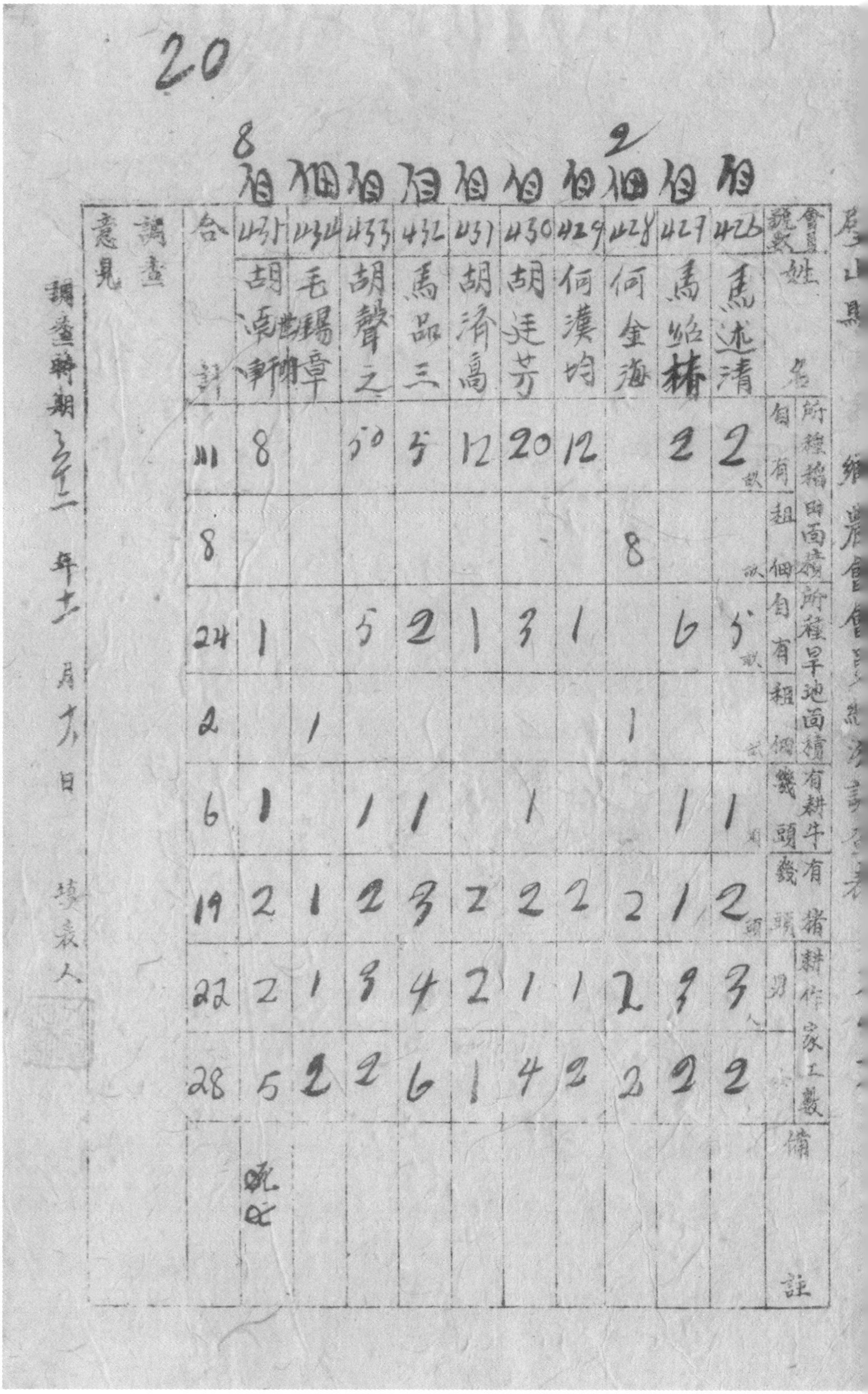

20

璧山縣……鄉農會會員經濟調查表

標記	會員號數	姓名	所種稻田面積 自有（畝）	所種稻田面積 租佃（畝）	所種旱地面積 自有（畝）	所種旱地面積 租佃（畝）	有耕牛幾頭	有豬幾頭	耕作家工數 男（人）	耕作家工數	備註
自	426	馬述清	2		5		1	2	3	2	
自	427	馬紹椿	2		6		1	1	3	2	
2 佃	428	何金海		8		1		2	2	2	
自	429	何漢均	12		1			2	1	2	
自	430	胡廷芳	20		3		1	2	1	4	
自	431	胡清高	12		1			2	2	1	
自	432	馬品三	5		2		1	3	4	6	
自	433	胡聲之	50		5		1	2	3	2	
佃	434	毛錫章				1		1	1	2	
8 自	435	胡滨衡	8		1		1	2	2	5	兆化
		合計	111	8	24	2	6	19	22	28	

調查意見

調查時期 三十二年十一月六日

填表人

璧山县河边乡农会会员经济调查表　9-1-237（22）

21

璧山縣　鄉農會會員經濟調查表

第22頁

頁上批註	會員號數	姓名	所種稻田面積 自有（畝）	所種稻田面積 租佃（畝）	所種旱地面積 自有（畝）	所種旱地面積 租佃（畝）	有耕牛幾頭	有猪幾頭	耕作家工數 男（人）	耕作家工數 女（人）	備註
自	301	楊維新	8		5			1	2	1	
佃	416	劉德輝		15		1	1	2	4	5	
自	261	周治平	10		4			2	2	3	
4 佃	262	胡紹廷		20		2	1	3	2	2	
自	418	胡紹陽	3		8			2	3	2	
1 半	263	楊發順	5	30	5	8	1	3	8	4	
自	419	胡紹軒	3		8			2	2	2	
佃	264	周金山	[illegible]	20	1	2	1	3	3	4	
佃	420	蕭華封		30		5	1	3	2	2	
5 自	286	楊齊世	8		6			2	1	3	
	合計		37	115	36	18	5	23	29	28	

調查意見

璧山县河边乡农会会员经济调查表 9-1-237（23）

會員號數	姓名	所種稻田面積 自有	所種稻田面積 租佃	所種旱地面積 自有	所種旱地面積 租佃	有耕牛幾頭	有猪幾頭	耕作家工數 男	耕作家工數 女	備註
261（半）	陳璐昌	4畝	20畝	2畝	2畝	1隻	3頭	5人	3	
220（自）	胡何氏	6		1			2	1	2	
267（自）	楊遠聪	12		6		2	2	2	1	
268（佃）	楊用修	10		7			1	2	4	
269（佃）	胡海雲		2				1	1	1	
270（自）	楊回生	6		2			2	2	2	
422（佃）	毛群普		30		5	1	3	3	2	
423（自）	胡吉臣	8		1		0	2	5	2	
424（佃）	胡漢云		4		2		1	2	3	
425（自）	馬炳云	2		8		1	2	3	5	
	合計	48	56	27	9	5	19	26	25	

調查意見

調查時期[illegible]年十一月十九日

填表人

23

璧山縣　鄉農會會員經濟調查表

第24頁

會員號數	272	273	274	417	397	399	398	395	400	401	合計
（批注）	佃	自	佃	佃	4 佃	半	半	3 半	3 自	3 自	
姓名	申炳全	胡濟綱	胡漢全	楊克泰	羅相華	魏春林	魏錫云	郭雨三	申光如	申述云	合計
所種稻田面積 自有（畝）		2				5	9	3		4	21
所種稻田面積 租佃（畝）	20		30	20	3	5	3				81
所種旱地面積 自有（畝）		4				5	1		5	1	16
所種旱地面積 租佃（畝）	2		1	1	併			1			5.5
有耕牛幾頭（頭）	1		1		1			1		1	5
有猪幾頭（頭）	2	1	2	1	2	1	1	3	1	2	16
耕作人數（人）	3	4	3	3	2	2	2	1	1	3	24
家工數	4	1	2	6	5	2	2	4	2	2	30
備註											

調查意見

調查日期三十六年十一月十九日　填表人

璧山县河边乡农会会员经济调查表　9-1-237（24）

24

8　2

會員號數	姓名	自/佃	所有稻田面積 自有（畝）	所有稻田面積 租佃（畝）	所種旱地面積 自有（畝）	所種旱地面積 租佃（畝）	耕牛幾頭	有猪幾頭	耕作家工數 男	耕作家工數 女	備註
262	張清云	佃		5		1		1	2	2	
263	吳錫山	自			3		1	2	4	1	
2022	吳鑑章	自	2		1		1	1	3	2	
205	周春山	自	1		1				2	1	
206	何錫和	自	3		1			1	2	3	
208	何凡昌	佃		10		1	1	2	2	1	
211	張閑祿	自	8		1		1	2	4	3	
212	吳清廷	自	2		1			1	2	2	
213	雷恩亮	自	5		1			1	3	2	
6113	楊明中	自	20		1			2	1	1	
合計			41	15	10	2	4	13	25	18	

調查意見

調查時期三十二年十二月十九日　填表人

25

壁山縣　鄉農會會員經濟調查表

第26頁

	會員號數	姓名	所種稻田面積 自有（畝）	所種稻田面積 租佃（畝）	所種旱地面積 自有（畝）	所種旱地面積 租佃（畝）	有耕牛頭數（頭）	有猪頭數（頭）	耕作家人數		備註
2 佃	236	胡述安		6		5		2	2	4	
自	297	何章五	8		5		1	1	3	2	
自	298	何執高	8		1			2	1	1	
自	294	胡程尉	20		3		1	4	4	2	
7 自	300	胡洪章	7		1			2	3	2	
自	414	何春普	10		8		2	3	4	3	
自	415	劉南輝	3		5		1	4	2	6	
自	490	胡德三	8		1		1	2	1	1	
1 半	260	胡德超	3	20			1	2	3	3	
佃	231	劉治清		2			5	1	2	1	
		合計	67	28	24	5	12	23	25	25	

調查意見

璧山县河边乡农会会员经济调查表　9-1-237（27）

26

會員號數	姓名	所種稻田面積 自有（畝）	所種稻田面積 租佃（畝）	所種旱地面積 自有（畝）	所種旱地面積 租佃（畝）	有耕牛幾頭	有豬幾頭	耕作家工數 男（人）	耕作家工數 女（人）	備註
209	張吉太（佃）				3	1	2	3	2	
242	劉鏡泚（自）			1	[illegible]		2	2	2	
243	王德一（佃）				3		2	2	2	
390	劉享（自）	10		1			2	1	2	
244	吳樓長（佃）		10		2	1	1	4	2	
245	賀成多（佃）				1		2	2	3	
246	劉光烈（自）	20		2			2	1	1	
248	劉合會（自）	10		1			2	1	1	
249	劉治清（佃）5		3		1		2	1	2	
247	劉文華（自）5	30		2				3	2	
	合計	70	13	7	10	2	17	20	19	

調查意見

調查時期 卅二 年 十二 月 十九 日

填表人

璧山县河边乡农会会员经济调查表 9-1-237（28）

27

璧山縣　鄉農會會員經濟調查表　第28頁

會員號數	姓名	自/佃	所種稻田面積 自有（畝）	所種稻田面積 租佃（畝）	所種旱地面積 自有（畝）	所種旱地面積 租佃（畝）	有耕牛頭數（頭）	有豬頭數（頭）	耕作家工數 男（人）	耕作家工數 女（人）	備註
270	雷在相	佃				1		2	1	1	
271	張述全	佃		10		1	1	2	1	1	
272	楊德安	佃		1		1		1	2	2	
273	王相全	自	10		1			2	1	1	
274	候春陶	佃		10		1	1	2	2	3	
275	王全祿	佃		1		1	1	3	1	3	
276	周國富	佃 5		10		1	1	2	1	1	
277	劉鉄橋	自	10		0.5			2	1	2	
278	劉单良	自	10		2			13	2	2	
279	劉華光	自 4	10		2			2	1	1	
合計			40	32	5.5	6	4	31	13	17	

調查意見

28

	會員號數	姓名	所種稻田面積 自有（畝）	所種稻田面積 租佃（畝）	所種旱地面積 自有（畝）	所種旱地面積 租佃（畝）	有耕牛頭數（頭）	有猪頭數（頭）	耕作家工數 男（人）	耕作家工數 女（人）	備註
自	388	雷見堯	15		1			2	1	3	
自	392	鄧先顯	3		1			2	2	1	
自	391	鄧先廣	3		1			2	2	1	
半	389	鄧先模	1	15	1	2	1	2	2	1	
自	393	王桂林	5	-	1			3	2	3	
自	500	劉先隆	10		1			3	2	1	
佃	95	潘春林		20		2	1	3	3	2	
佃	97	雷成之		10		1	1	3	2	2	
自	98	鄧全全	5		1			3	2	3	
佃	99	胡榮華		10		1	1	3	2	1	
	合計		42	55	7	6	4	26	20	18	

調查意見

調查時期 三十八年十一月廿日

填表人

璧山县河边乡农会会员经济调查表 9-1-237（30）

29

璧山縣　鄉農會會員經濟調查表　第30頁

	會員號數	姓名	所種稻田面積 自有 畝	所種稻田面積 租佃 畝	所種旱地面積 自有 畝	所種旱地面積 租佃 畝	有耕牛 幾頭 頭	有豬 幾頭 頭	耕作家口人數 男 人	耕作家口人數 女 人	備註
佃	100	胡全太				1		1	1	1	
佃	113	楊銀章		18		2	1	2	3	2	
6 佃	118	胡海臣	5		1			3	2	1	
佃	119	周雲清		12		1	1	1	1	1	
佃	120	雷合廷	8		1		1	2	2	3	
佃	121	雷澤沛			1			2	2	2	
佃	122	劉体泉	15		2			3	2	3	
佃	123	徐義發	3		1			1	1	1	
佃	96	劉先中	1		1				1		
4 佃	124	黄銀普		15		1	1	2	1	1	
	合計		32	45	7	5	4	17	16	15	

調查意見

調查時期 三十二 年 十二 月 廿 日　填表人

30

會員號數	125	126	127	128	129	130	131	132	133	134	合計
（成分）	佃	未詳	佃	佃	自	佃	佃	自	佃	半	
（附記）					2				6	1	
姓名	朱銀清	羅玉清	陳海云	申德昌	羅漢清	錢述光	楊紹洲	譚炳林	張海濱	羅長清	
所種稻田面積 自有（畝）					12			4			16
所種稻田面積 租佃（畝）	14		6	20	12				10	5	55
所種旱地面積 自有（畝）								1		.5	1.5
所種旱地面積 租佃（畝）	2		1	2		1	1		1	.2	8.2
有耕牛幾頭（頭）	1			1					1	2	5
有猪幾頭（頭）	2	1		1	2	1		2	2	2	13
耕作家工數 男（人）	4	1	1	2	6	1	1	3	2	2	23
耕作家工數 女（人）	5	1	2	2	7	1	1	2	2	2	25
備註											

調查意見

調查時期三十二年十二月廿日

填表人

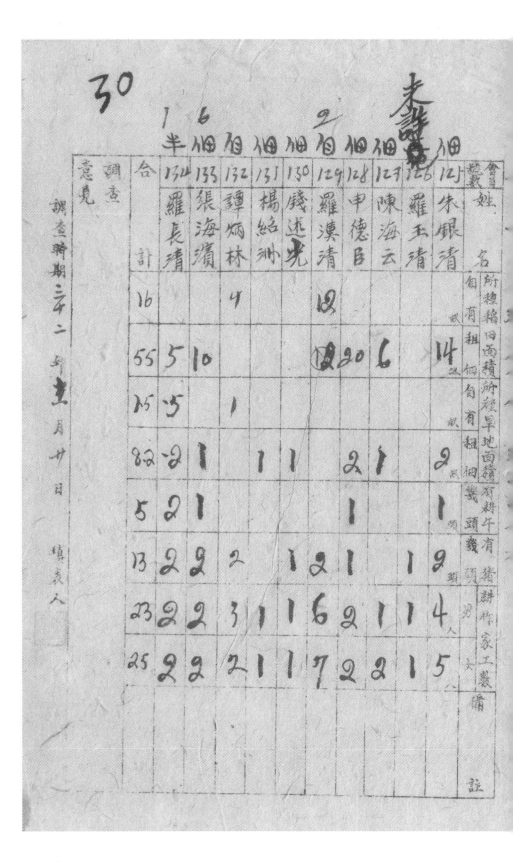

璧山县河边乡农会会员经济调查表 9-1-237（32）

31

璧山縣　鄉農會會員經濟調查表　第32頁

會員號數	姓名		所種稻田面積 自有（畝）	所種稻田面積 租佃（畝）	所種旱地面積 自有（畝）	所種旱地面積 租佃（畝）	有耕牛幾頭	有猪幾頭	耕作家工數 男（人）	耕作家工數 女（人）	備註
136	周海廷	佃	10	10		1	1	2	3	2	
133	羅述清	佃				.5			2	2	
138	劉文原	自			8			1	1	2	
135	徐懷清	佃		20		2	1	2	1	1	
502	張白勳	佃		10		2	1	2	1	1	
623	周云清	5 佃		6		1	1	2	1	1	
1240	彭德軒	自	10		1		1	2	2	2	
687	彭[illegible]全	自	4		.5			2	1	1	
137	周述云	自	4	03	3		1	3	4	6	
138	彭銀昌	5 自	3		3			2	2	3	
合計			21	46	8.3	6.5	6	18	18	21	

調查意見

32

璧山县河边乡农会会员经济调查表 9-1-237（33）

會員號數	上註	姓名	所種稻田面積 自有（畝）	所種稻田面積 租佃（畝）	所種旱地面積 自有（畝）	所種旱地面積 租佃（畝）	有耕牛幾頭	有豬幾頭	耕作家工數 男（人）	耕作家工數 女（人）	備註
139	自	彭清云	4		1			2	1	1	
140	[illegible]	張洪高		5		.8		2	2	1	遷移
141	八 佃	周述軒		18		2	1	4	1	1	
142	自	吳月海	60		3			2	1	2	
176	自	彭治中	70		5	5		2	1	2	
177	自	吳月泉	4		4			5	3	3	
178	自	吳煥然	30		2	2		4	4	3	
179	自	陳錫三	50		3	3		5	3	2	
190	自	徐海廷	7		1			2	2	1	
182	8 自	王紹臣	40		4			2	1	1	
合計			265	23	23	2.8	1	30	19	17	

調查意見

調查時期 卅八 年 十二 月 廿一 日

填表人

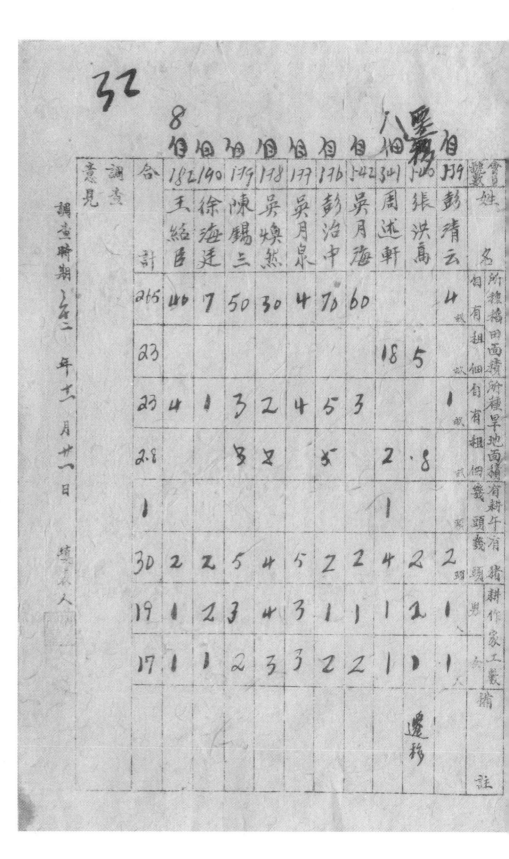

璧山县河边乡农会会员经济调查表 9-1-237（34）

33

璧山縣 鄉農會會員經濟調查表 第34頁

會員號數	姓名	自/佃	所種稻田面積 自有（畝）	所種稻田面積 佃種（畝）	所種旱地面積 自有（畝）	所種旱地面積 佃種（畝）	所有耕牛頭數	豬頭數	耕作人數 男	耕作人數 女	備註
183	徐華軒	自	10		1		1	4	1	1	
185	徐元禎	佃		6		1		2	1	1	
186	吳成均	自	20		2			2	2	1	
189	吳達夫	自	40		2			1	2	3	
188	雷全安	自	10		1			2	1	1	
189	徐春三	佃				2		1	1	1	
190	吳群鰲	自	10		1		1	3	2	2	
181	徐述三	自	16		1		1	3	2	2	
686	王海波	佃		[illegible]		1	[illegible]	2	2	2	
451	徐述云	自	2		.4		1	2	1	2	
合計			108	6	8.4	4	4	22	15	16	

調查意見

調查者 年 月 廿四 日 填表人

34

	會員號數	姓名	所種稻田面積 自有（畝）	所種稻田面積 租佃（畝）	所種旱地面積 自有（畝）	所種旱地面積 租佃（畝）	有耕牛頭數（頭）	有豬頭數（頭）	耕作家工數 男（人）	耕作家工數 女（人）	備註
佃	2438	卯全林		20		1.5	1	3	3	3	
自	2439	羅錫凡	20		2		1	2	2	3	
佃	2440	陳林山		30		2		2	2	2	
自	2401	吳沭堯	10		1			3	1	1	
自	2442	吳東呂	20		1.5			2	3	2	
自	2443	吳海林			.4			2	2	2	
6 自	2444	吳蔭堂	4		.8			1	3	1	
4 佃	2445	陳春廷		10		1	1	4	3	2	
自	2446	吳明輝	3		.5			2	1	2	
4 佃	2467	雷在江		10		1		2	1	2	
		合計	57	70	6.2	5.5	3	23	21	20	

調查意見

調查時期三十二年十一月廿一日

填表人

35

璧山縣　　鄉農會會員經濟調查表　第36頁

會員號數	姓名	所種稻田面積·自有（畝）	所種稻田面積·租佃（畝）	所種旱地面積·自有（畝）	所種旱地面積·租佃（畝）	有耕牛（頭）	有猪（頭）	耕作家工數·男（人）	耕作家工數·女（人）	備註
佃 448	王海林		10		1	1	2	1	1	
自 449	雷福安	3		.7			1	2	1	
佃 450	周炳林		10		.5		2	2	1	
自 26	胡興太	20		1		1	2	3	2	
佃 453	吳濟洲		7		1		1	1	1	
佃 454	晏維三		20		1.5		3	2	1	
佃 455	唐銀清				1		2	1	1	
自 456	吳仲良	15		1			1	1	1	
佃 457	徐澤民			~~2~~	.2		1	1	1	
佃 458	榮海周		13		1	1	2	1	3	
合計		38	60	2.7	6.2	3	17	15	11	

調查意見

填表人

璧山县河边乡农会会员经济调查表　9-1-237（36）

36

6　4

自/佃	會員證數	姓名	所種稻田面積 自有（畝）	所種稻田面積 租佃（畝）	所種旱地面積 自有（畝）	所種旱地面積 租佃（畝）	有耕牛頭數	有猪頭數	耕作家工數 男（人）	耕作家工數 女（人）	備註
自	414	彭先清	5		1			2	1	1	
佃	460	吳水清		10		1		2	2	1	
自	460	曾成輝	20		2			2	2	3	
自	463	吳紹虞	40		3			1	2	3	
自	464	賀正義			.5			1	1	1	
佃	274	鄧炳輝		2		.4		1	1	2	
佃	280	毛錫林		12		1	1	3	2	1	五〇
自	672	周相晴	12		1			2	1	1	
佃	281	王金山		8		1	1	1	1	1	
自	673	趙文理	7		1		1	2	1	1	一〇〇〇
		合計	84	32	85	34	3	17	14	15	

調查意見

調查時期　五二年十一月廿二日

填表人

璧山县河边乡农会会员经济调查表　9-1-237（38）

37

璧山縣　　鄉農會會員經濟調查表　第38頁

會員號數	姓名	所種稻田面積 自有（畝）	所種稻田面積 租佃（畝）	所種旱地面積 自有（畝）	所種旱地面積 租佃（畝）	有耕牛幾頭	有豬幾頭	耕作家工數 男	耕作家工數	備註
282	余永合（~~遷移~~）		8		1	2	2	2	3	遷移
284	毛用之（自）	10		1		1	2	3	2	
286	毛佑之（自）	15		1			1	2	1	
674	羅全三（佃）		12		1	1	2	1	1	
287	鄧瑞清（佃）		10		1		2	1	1	
289	郭服軒（佃）				1		1	1	1	
290	張服臣（5 佃）		12		1	1	2	1	1	
291	王漢江（自）	2		.5			2	1	1	
675	郭長安（4 自）	2		1			2	1	1	
292	郭吉臣（佃）		15		1	1	2	1	1	
	合計	29	57	3.5	6	6	18	14	13	

調查意見

38

會員號數	姓名		所種稻田面積 自有（畝）	所種稻田面積 租佃（畝）	所種旱地面積 自有（畝）	所種旱地面積 租佃（畝）	有耕牛頭數（頭）	有豬頭數（頭）	耕作家工數 男（人）	耕作家工數 女（人）	備註
676	楊國臣	自	4		1			2	1	1	
294	郭漢章	還耕	5		[illegible]			[illegible]			還耕
295	王乾發	自	5		1			1	1	1	
296	羅君義	自	2		.5			[illegible]	2	1	
677	吳達江	還耕		5		1		2	1	1	還耕
288	周德昌	佃		15		1	1	2	1	2	
678	楊治明	佃		8		1	1	2	1	1	
61	高尚	4 佃		4		.5		4		2	
54	張炳輝	佃		12		1	1	2	2	2	
55	蕭[illegible]榮	4 自	2		.5			2	2	2	
	合計		18	44	4	4.5	3	19	11	13	

調查意見

調查時期 三七年十一月廿三日

填表人

壁山县河边乡农会会员经济调查表 9-1-237（40）

39

壁山縣 鄉農會會員經濟調查表

第40頁

	會員號數	姓名	所種稻田面積 自有（畝）	所種稻田面積 租佃（畝）	所種旱地面積 自有（畝）	所種旱地面積 租佃（畝）	有耕牛頭數	有猪頭數	耕作家工數 男（人）	耕作家工數 女（人）	備註
自	57	郭文太	3		.4			2	2	2	
自	48	王有文	1		.3			1	2	1	
自	49	毛文遠	8		1			2	1	1	
自	56	毛君福	8		1		1	2	2	1	
遷移	66	張紹五	4		1			2	2	1	遷移
自	60	蒲紹臣	1		.4			2	1	1	
自	51	毛明進	7		1		1	2	1	2	
8 自	53	鄧炳云	2		.3			1	1	2	
自	43	王万中	4		1			2	1	1	
1 佃	58	張平安	3	5		1	1	2	2	2	
	合計		38	5	64	1	3	18	15	14	

調查意見

40

會員號數	姓名	所種稻田面積 自有（畝）	所種稻田面積 租佃（畝）	所種旱地面積 自有（畝）	所種旱地面積 租佃（畝）	有耕牛頭數（頭）	有猪頭數（頭）	耕作家工數 男（人）	耕作家工數 女（人）	備註
佃 59	毛海云				.6		2	1	1	
佃 62	劉述臣		8		1	1	2	1	1	
自 204	周慎夫	10		1			2	1	1	
自 50	王澤周	6		1			2	1	[illegible]	
佃 63	鄧洪金		5		1		1	2	2	
4 佃 65	蒲炳清		6		1	1	2	2	1	
自 52	鍾達天	5		.8				1	1	
自 529	何學詩	5		1			2	2	2	
自 528	胡璧城	15		1		1	2	1	1	
6 自 679	何述德	5		1			1	2	1	
	合計	46	19	5.8	3.6	3	16	14	12	

調查意見

調查時期　三十八年十一月廿三日　　填表人

璧山县河边乡农会会员经济调查表 9-1-237（42）

41

璧山縣　　鄉農會會員經濟調查表　第42頁

會員號數	姓名	自/佃	所種稻田面積 自有（畝）	所種稻田面積 租佃（畝）	所種旱地面積 自有（畝）	所種旱地面積 租佃（畝）	有耕牛（頭數）	有豬（頭數）	耕作家工數 男（人）	耕作家工數 女（人）	備註
530	胡安南	自	12		1		1	2	2	2	
615	吳月先	自	12		1.5			2	1	1	
616	何炳書	自	5		.8			2	1	1	
617	胡介清	自	10		1		1	2	1	1	
613	胡炳先	自			1			2	2	2	
620	胡汝猷	自			4			3	2	2	
612	何東海	自	5		.4			2	1	1	
621	胡王氏	自 8	12		1			1		2	
531	周紹軒	佃		15		1	1	2	2	2	
614	陳全安	佃 2		8		1	1	2	1	1	
合計			56	23	10.7	2	4	20	13	15	

調查意見

壁山县河边乡农会会员经济调查表　9-1-237（43）

412

6　3　1

會員號數	姓名	所種稻田面積 自有（畝）	所種稻田面積 租佃（畝）	所種旱地面積 自有（畝）	所種旱地面積 租佃（畝）	有耕牛幾頭	有猪幾頭	耕作家工數 男（人）	耕作家工數 女（人）	備註
佃 619	鄧述章		3		.5		2	1	1	
自 610	毛叙倫	6		1			2	2	1	
佃 680	左德輝		1		1	1	1	1	1	
自 12	雷仿堯	15		1		1	2	2	1	
自 346	顔榮氏	8		1			2	2	3	
自 347	楊保全	8		1		1	2	2	1	
半 348	胡洪恩	10	6	1.2	1	1	1	3	3	
佃 327	張漢臣		30		2	1	2	4	2	
自 328	朱述清	20		2		1	2	3	3	
自 335	胡述明	8		1			2	3	1	
	合計	75	40	8.2	4.5	6	18	23	17	

調查意見

調查時期　三十七年十一月廿三日

填表人

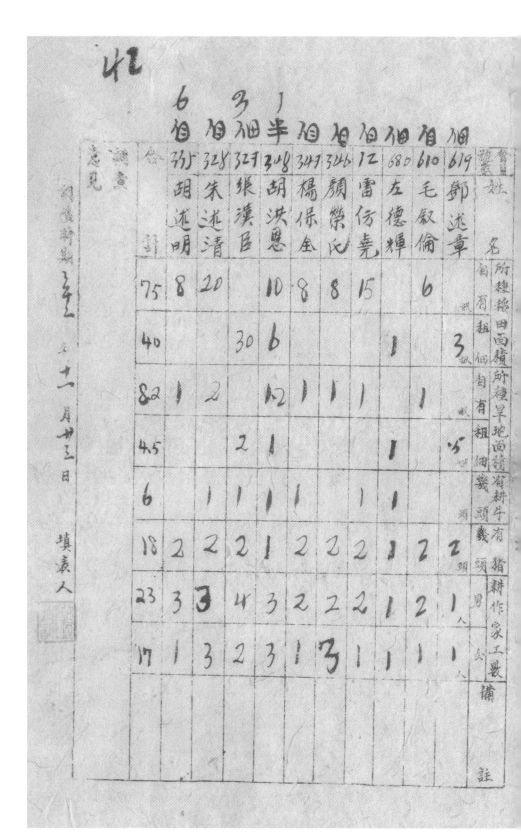

壁山县河边乡农会会员经济调查表 9-1-237（44）

48

璧山縣　鄉農會會員經濟調查表　第卌頁

	會員證數	姓名	所種稻田面積 自有（畝）	所種稻田面積 租佃（畝）	所種旱地面積 自有（畝）	所種旱地面積 租佃（畝）	有耕牛幾頭	有豬幾頭	耕作家工數 男（人）	耕作家工數 女（人）	備註
佃	337	雷全云		1				2	2	1	
佃	339	彭松栢		.5				2	1	1	
半	340	楊克臣	15	15	1	1		2	1	3	
自	341	田述清	6		.8			2	1	2	
佃	681	胡述忠		8		1		2	2	3	
自	334	楊在興	20		2		1	4	3	4	
佃	336	胡輝五		16		30	1	2	3	2	
自	682	顏松栢	8		1			1	2	3	
自	338	胡子清	10		1			2	2	2	
自	342	雷錫林	8		1			2	1	1	
		合計	67	40.5	6.8	32	2	21	18	22	

調查意見

5　24　1

璧山县河边乡农会会员经济调查表　9-1-237（45）

44

会員號數	姓名	所種稻田面積 自有（畝）	所種稻田面積 租佃（畝）	所種旱地面積 自有（畝）	所種旱地面積 租佃（畝）	有耕牛幾頭	有豬幾頭	耕作家工數 男	耕作家工數 女	備註
345	楊熙清	15		1.2			2	3	3	自
344	胡廷模	2		.4			1	1	1	自
343	胡春林	6		1			2	2	1	自
330	胡兆清	6		.5			1	1	1	自
324	胡炳云	6		.4			2	2	2	自
345	胡臣良	12		1		1	2	3	3	自
11	雷炳林		8		1		2	3	2	佃
532	周錫林		6		1		1	1	2	佃
66	雷紹元	8		1		1	2	2	2	自
537	周海宽	6		1			2	2	2	自
合計		61	14	6.5	2	2	17	20	19	

調查意見

調查時期三九年十一月廿二日

填表人

璧山县河边乡农会会员经济调查表 9-1-237（46）

45

璧山縣 鄉農會會員經濟調查表

第46頁

上方批註	會員號數	姓名	所種稻田面積 自有（畝）	所種稻田面積 租佃（畝）	所種旱地面積 自有（畝）	所種旱地面積 租佃（畝）	有耕牛幾頭	有猪幾頭	耕作家工數 男（人）	耕作家工數 女（人）	備註
佰	68	劉克明	10		1		1	2	2	2	
佰	134	顏秋輝	3		12			1	2	2	
非會員	83	胡漢清						-			非會員
佰	131	雷述周	6		1			2	2	1	
佰	20	劉孟益	30		3		1	3	5	6	
佰	132	雷松云	8		1			2	2	2	
佰	67	雷漢周	8		1		1	2	6	3	
8 佰	71	雷見奎	4		13			2	2	1	
佰	72	雷見旺	8		1			2	1	1	
1 佰	73	姜國清				1		2	1	1	
	合計		77		85	1	3	18	23	19	

調查意見

46

會員號數	姓名	所種稻田面積 自有（畝）	所種稻田面積 租佃（畝）	所種旱地面積 自有（畝）	所種旱地面積 租佃（畝）	有耕牛幾頭	有豬幾頭	耕作家工數 男（人）	耕作家工數 女（人）	備註
314（自）	雷甫德	8		1			2	1	1	
315（自）	雷銀輝	8		1		1	1	1	1	
316（自）	雷甫江	10		1			2	2	2	
317（自）	雷國清	7		1			1	2	1	
318（自）	雷友臣	4		15			1	2	2	
303（佃）	魏海堂		4		16		2	1	1	
301（自）	劉從堯	10		1			2	1	1	
302（佃）9	王金林		15		103	1	2	2	1	
303（自）	劉洪周	10		1			2	2	1	
304（自）8	雷清云	7		18			2	1	1	
合計		64	19	245	119	2	17	15	12	

調查意見

調查日期　三十二年十一月廿三日

填表人

璧山县河边乡农会会员经济调查表 9-1-237（48）

47

璧山縣　鄉農會會員經濟調查表　第48頁

	會員號數	姓名	所種稻田面積 自有（畝）	所種稻田面積 租佃（畝）	所種旱地面積 自有（畝）	所種旱地面積 租佃（畝）	有耕牛幾頭（頭）	有豬幾頭（頭）	耕作家工數 男（人）	耕作家工數 女（人）	備註
自	305	馬保之	10		1		1	2	1	1	
佃	306	劉漢清		15		1		2	1	1	
自 27	308	雷在炳	5		1			2	1	2	
自	309	周仲陽	6		.6			1	2	1	
自	10	雷云先			1			1	1	1	
半 1	612	代海東	5	20	0.5	1	1	4	3	3	
自	1123	代恒均	15		1			3	3	3	
自	613	鍾國良	8		1			2	1	2	
自	1144	代洪峰	15		1		1	4	6	3	
佃 2	616	盧炳臣				1		2	2	2	
	合計		62	35	7.1	3	3	23	21	19	

調查意見

璧山县河边乡农会会员经济调查表 9-1-237（49）

48 4 5

會員號數	663	660	522	523	651	664	665	666	614	654	
	來	自	佃	自	佃	自	佃	自	佃	佃	
姓名	劉銀三	代相貴	代合三	代仲達	代炳文	代紹云	陳文祿	劉全全	代安平	鍾清云	合計
所種稻田面積 自有（畝）		30		6		5		10	6		57
所種稻田面積 租佃（畝）			20				4			20	44
所種旱地面積 自有（畝）		2		.2		1		1	1		5.2
所種旱地面積 租佃（畝）		-	2		1		.6			1.5	5.1
有耕牛幾頭		-	1					1		1	3
有豬幾頭		2	2	2		1	2	2	1	2	14
耕作家工數 男（人）		4	5	2	4	2	1	2	3	2	25
耕作家工數 女（人）		3	2	1	2	2	2	3	2	2	19
備註											

調查意見

調查時期 三十七年 十一 月 廿六日

填表人

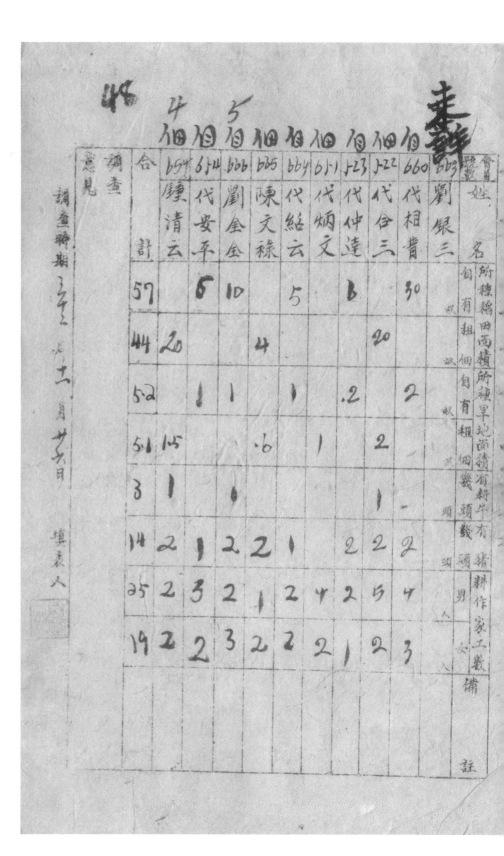

璧山县河边乡农会会员经济调查表 9-1-237（50）

49

璧山縣 鄉農會會員經濟調查表

第50頁

會員號數	姓名	所種稻田面積 自有（畝）	所種稻田面積 租佃（畝）	所種旱地面積 自有（畝）	所種旱地面積 租佃（畝）	有耕牛幾頭（頭）	有豬幾頭（頭）	耕作家工數 男（人）	耕作家工數 女（人）	備註
自 142	代建華	20		2		1	4	2	3	
自 615	鍾方其	1		1			2	2	2	
自 503	吳清昌	7		5		1	2	3	3	
自 507	張述臣	4		0.5		1	1	2	3	
自 512	張吉元	2		1		1	2	2	3	
自 510	張濟昌	3		1			2	2	1	
自 511	張正才	3		1			1	1	1	
1 半 513	廖云清	3	4	0.5	0.5	1	1	1	1	
自 514	廖國清	1		0.2			1	2	1	
9 自 509	張永昌	2		0.5		2	2	1	1	
合計		46	4	12.7	.5	7	18	18	19	

調查意見

調查時期三十二年十一月廿六日 填表人

50

號數	姓名	所種稻田面積 自有（畝）	所種稻田面積 租佃（畝）	所種旱地面積 自有（畝）	所種旱地面積 租佃（畝）	有耕牛幾頭	有猪幾頭	耕作勞工數 男（人）	耕作勞工數 女（人）	備註	
108	吳德章	5		0.5		1	2	3	3		自
104	吳子金			1			2	2	3		自
105	吳炳清		6		0.2	1	2	1	1		佃
110	吳泉康	3		0.6			2	1	1		自
106	吳道千	4		0.5			1	1	1		自
102	柯海清		14		0.4	1	2	2	1		佃
465	吳伯齡	4		1			4	5	1		自
657	楊明正	40		3			2	2	3		自
607	彭如淵	15		1			2	3	2	遷移出籍	自
466	鍾現章	20		2		1	2	3	3		自
	合計	91	20	9.6	0.6	4	21	23	19		

調查意見

調查時期　三十二年十一月廿六日

填表人

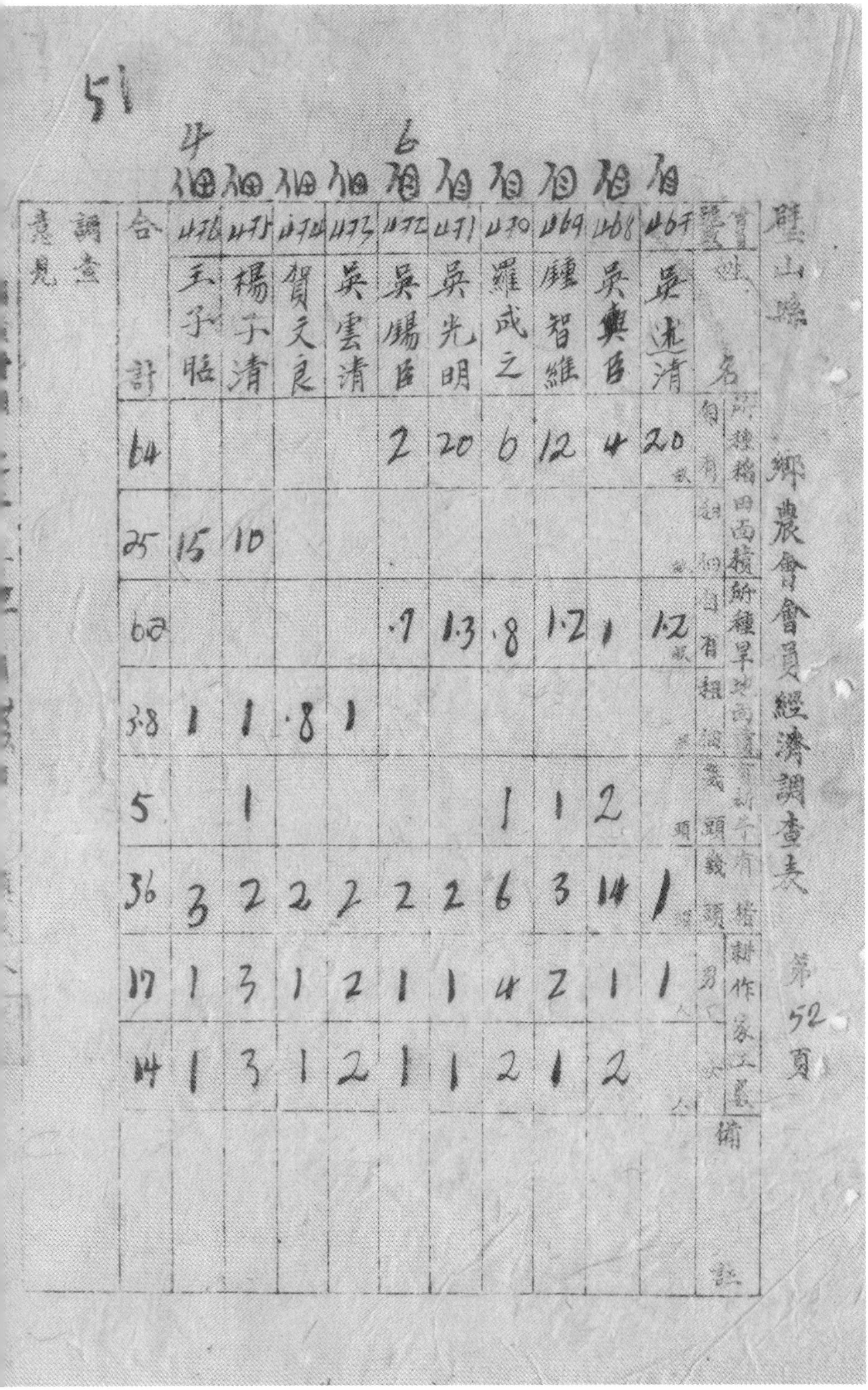

51

璧山縣　　鄉農會會員經濟調查表　　第52頁

會員編號	類別	姓名	所種稻田面積 自有（畝）	所種稻田面積 租佃（畝）	所種旱地面積 自有（畝）	所種旱地面積 租佃（畝）	所有耕牛 頭數（頭）	所有猪 頭數（頭）	耕作家工農 男（人）	耕作家工農 女（人）	備註
467	自	吳述清	20		1.2			1	1		
468	自	吳輿臣	4		1		2	14	1	2	
469	自	鍾智維	12		1.2		1	3	2	1	
470	自	羅成之	6		.8		1	6	4	2	
471	自	吳光明	20		1.3			2	1	1	
472	6 自	吳錫臣	2		.7			2	1	1	
473	佃	吳雲清				1		2	2	2	
474	佃	賀文良				.8		2	1	1	
475	佃	楊子清		10		1	1	2	3	3	
476	4 佃	王子晧		15		1		3	1	1	
合計			64	25	62	3.8	5	36	17	14	

調查意見

璧山县河边乡农会会员经济调查表　9-1-237（52）

52

璧山縣　鄉農會會員經濟調查表

類別	會員號數	姓名	所種稻田面積 自有（畝）	所種稻田面積 租佃（畝）	所種旱地面積 自有（畝）	所種旱地面積 租佃（畝）	有耕牛幾頭	有豬幾頭	耕作家工數 男（人）	耕作家工數 女（人）	備註
自	477	吳銀臣	18		1.3		1	2	2	1	
自	478	吳月輝	1		.4			1	1	1	
半	479	吳紹軒	1	6	.4	1	1	5	2	1	
自	480	吳洪昇	10		1		1	2	1	1	
自	481	吳漢江	4		.8			2	1	1	
自	482	胥文臣	16		1.5		2	6	2	2	
自	483	王海濤	1		.4			2	1	1	
自	484	吳光全	2		.7				1	1	
半	485	吳清三	4	8	.5	1		2	2	2	
佃	209	周紹清		5		1	1	2	1	1	
	合計		57	19	7	3	6	24	14	12	

調查意見

調查時期三七年十一月廿六日　填表人

璧山县河边乡农会会员经济调查表 9-1-237（54）

53

璧山縣　　鄉農會會員經濟調查表

第54頁

會員號數	姓名	所種稻田面積 自有（畝）	所種稻田面積 租佃（畝）	所種旱地面積 自有（畝）	所種旱地面積 租佃（畝）	有耕牛頭數（頭）	有猪頭數（頭）	耕作家工數 男（人）	耕作家工數 女（人）	備註
240（佃）	冉德安		8		1		2	1	2	
210（自）	李華軒	5		1		1	2	2	3	
241（佃）	靳述林		5		.4	1	2	1	1	
217（自）	周洪川	2		.4		1	2	1	1	
684（自）	范國禎	10		1			2	1	2	
685（遷移）	楊服三		5		1		2	2	1	遷移
212（佃）	賀述云		3		.5	1	2	1	1	
213（佃）	楊紹安		10		1.2	1	2	1	1	
214（1 半）	雷云書	10			1	1	3	2	2	
215（5 佃）	王保全		4		1.5		1	2	2	
	合計	27	35	2.4	5.6	6	20	14	16	

調查意見

調查者與 [illegible] 年 十一 月 廿九 日 填表人

54

會員號數	姓名	所種稻田面積 自有（畝）	所種稻田面積 租佃（畝）	所種旱地面積 自有（畝）	所種旱地面積 租佃（畝）	有耕牛幾頭	有豬幾頭	耕作家工數 男（人）	耕作家工數 女（人）	備註
佃 223	田程之		10		1	1	2	2	2	
遷移 499	吳濟勝		10		.8	1	1	1	1	遷移
佃 216	彭子清		12		1.3	1	3	1	1	
自 218	周海清	2		1		1	2	1	1	
佃 219	周清云		3		1	1	2	1	1	
佃 220	呂保林		13		1	1	3	1	1	
5 佃 222	謝為清				1.2			1		
自 224	雷仲麃	10		1.3			1	1	1	
佃 225	靳海明	8		1		1	2	1	1	
4 自 226	靳海臣	10		1.2		1	1	3	3	
合計		30	48	4.5	6.3	8	17	13	12	

調查意見

調查時期三七年十一月廿五日

填表人

璧山县河边乡农会会员经济调查表 9-1-237（56）

55　6　4

個 個 個 個 個 個 個 個 個 個

璧山縣　鄉農會會員經濟調查表

第56頁

會員號數	姓名	所種稻田面積 自有（畝）	所種稻田面積 租佃（畝）	所種旱地面積 自有（畝）	所種旱地面積 租佃（畝）	有耕牛幾頭	有猪幾頭	耕作家工數 男（人）	耕作家工數 女（人）	備註
227	雷甫章	5		1		1	2	1	1	
228	吕海林	4		.5			1	1	1	
229	吕海興	4		.4			2		2	
230	吕漢章	4		.5		1	2	1	1	
231	吕保安	4		.4			1	1	1	
232	鍾永清		10		1.2	1	2	1	1	
233	鍾海清		20		2	1	2	1	2	
234	朱紹清		10		1.2	1	2	1	2	
235	靳述臣	2		1			2	1	1	
236	田海周		20		1.5	1	3	1	1	
合計		23	60	3.8	5.9	6	19	9	13	

調查意見

56　6　3

會員號數	姓名	成分	所種稻田面積 自有（畝）	所種稻田面積 租佃（畝）	所種旱地面積 自有（畝）	所種旱地面積 租佃（畝）	有耕牛頭數（頭）	有猪頭數（頭）	耕作家工數 男（人）	耕作家工數 女（人）	備註
237	潘六初	還移	20		1			1	2		遷移
238	江曾山	佃		15		1	1	2	2	1	
239	周保川	佃		20		1	1	2	1	1	
79	雷鳴輝	自	10		1.2		1	2	1	1	
80	呂國章	佃		20		1.5	1	1	2	2	
81	王伯韜	佃		5		.4		1	1	1	
82	雷在霖	自	8		1			1	1	1	
83	呂海清	自	20		1.4		1	2	2	2	
84	呂炳云	佃		8		.7		2	2	1	
85	田海云	佃		5		1		1	2	1	
合計			58	73	4.6	5.6	5	15	16	11	

調查意見

調查時期 [illegible]年十一月廿五日

填表人

璧山县河边乡农会会员经济调查表 9-1-237（58）

57 6 4

璧山縣　鄉農會會員經濟調查表

第58頁

自/佃	會員號數	姓名	所耕稻田面積 自有（畝）	所耕稻田面積 租佃（畝）	所種旱地面積 自有（畝）	所種旱地面積 租佃（畝）	有耕牛（頭）	有豬（頭）	耕作家工數 男（人）	耕作家工數 女（人）	備註
自	87	王學之	5		1			2	2	1	
佃	86	龔輝五		10		1	1	2	2	3	
佃	88	王德明		15		[illegible]	1	2	2	1	
自	89	劉正良	10		1		1	2	2	2	
佃	90	梅銀淋		3		.4		1	1	1	
自	91	賀海清	6		.7			1	1	2	
自	92	雷見明	10		.8		1	2	2	2	
佃	94	譚春發		2		.3		1	1	2	
自	93	張海廷	7		.4			2	2	1	
自	492	呂銀廷	4		.3		1	2	1	2	
		合計	42	30	4.2	2.9	5	17	16	17	

調查意見

璧山县河边乡农会会员经济调查表 9-1-237（59）

48

會員號數	姓名	所種稻田面積 自有（畝）	所種稻田面積 租佃（畝）	所種旱地面積 自有（畝）	所種旱地面積 租佃（畝）	有耕牛頭數（頭）	有猪頭數（頭）	耕作家工數 男（人）	耕作家工數 女（人）	備註
493（自）	呂子臣	10		1		1	2	2	1	
495（佃）	呂伯林		7	1.5	.6		1	3	2	
496（佃）	呂春林		15	1.2	1.2	1	3	2	2	
494（佃）	呂海平		3		.4		1	1	1	
497（自）	呂國三	9		.6		1	2	1	2	
498（自）	呂水清	12		1		1	2	2	2	
381（佃）	王洪江		20		1.3	1	2	1	1	
382（自）5	賀錫周	3		4			2	2	1	
383（自）	呂海清	20		1		1	1	3	2	
384（佃）5	江錫光		15	.9	.9	1	2	2	1	
合計		54	60	7.6	4.4	7	18	19	15	

調查意見

調查時期 卅七年十一月廿七日

填表人

璧山县河边乡农会会员经济调查表　9-1-237（60）

59　5　未　4

璧山縣　鄉農會會員經濟調查表　第61頁

會員號數	姓名	所種稻田面積 自有（畝）	所種稻田面積 租佃（畝）	所種旱地面積 自有（畝）	所種旱地面積 租佃（畝）	有耕牛頭數	有猪頭數	耕作家工數 男（人）	耕作家工數 女（人）	備註	批注
385	劉松林	7		1		1	2	2	1		自
386	王良臣		10		1		2	1	1		佃
575	范炳榮	[illegible]	30		12	1	5	3	2		佃
576	王永昌	2		6		1	1	2	2		自
577	賀炳林		8		1	1	2	2	3		佃
578	賀平洲	1		1			1	2	3		自
579	范海清										謙
580	范子中		6		12		2	1	1		佃
581	雷玉春	40		2		1	2	1	3		自
582	范緒全		20		2	1	2	2	1		佃
合計		50	74	37	62	6	19	16	17		

調查意見

60

	會員號數	姓名	所種稻田面積 自有（畝）	所種稻田面積 租佃（畝）	所種旱地面積 自有（畝）	所種旱地面積 租佃（畝）	有耕牛幾頭	有猪幾頭	耕作家工數 男（人）	耕作家工數 女（人）	備註
自	583	王金林	2		0.5		1	2	3	2	
自	584	王海林	5		0.2			2	3	3	
3 佃	588	羅子光		15		1	1	2	2	2	
1 半	586	賀谷三	2	2	0.5	.5		1	2	3	
自	587	王寿廷	5		.5			2	2	4	
佃	585	江述云		20		1	1	2	3	3	
遷移	589	王銀章									遷[illegible]
佃	590	賀海全		20		1	2	3	2	3	
自	591	王育才	1	[illegible]	.5			1	1	1	
5 自	594	蕭五才	18		1		1	2	2	3	
		合計	43	57	3.2	3.5	6	17	20	24	

調查意見

調查時期　三十七年十一月廿七日

填表人

璧山县河边乡农会会员经济调查表　9-1-237（62）

61

壁山縣　鄉農會會員經濟調查表　第62頁

會員號數	姓名	所種稻田面積 自有（畝）	所種稻田面積 租佃（畝）	所種旱地面積 自有（畝）	所種旱地面積 租佃（畝）	有耕牛幾頭	有猪幾頭	耕作家工數 男（人）	耕作家工數 女（人）	備註
592	王登云	2		0.5		1	2	1	1	4 自
593	賀建華		4		1		2	2	1	佃
595	羅明仿	12		0.1			2	3	4	自
599	胡相林	5		1		1	2	2	2	自
596	何寿康	5		1			2	2	2	自
597	易子清		9		1		2	2	3	佃
598	楊銀發	4	10	0.5	1	1	2	2	2	1 半
600	胡海全		30		1	1		3	2	佃
600	胡仲三		15		1.2	1	2	1	2	佃
601	胡永成		10		1	1	3	2	1	5 佃
合計		28	78	3.1	62	6	19	20	20	

調查意見

壁山县河边乡农会会员经济调查表　9-1-237（63）

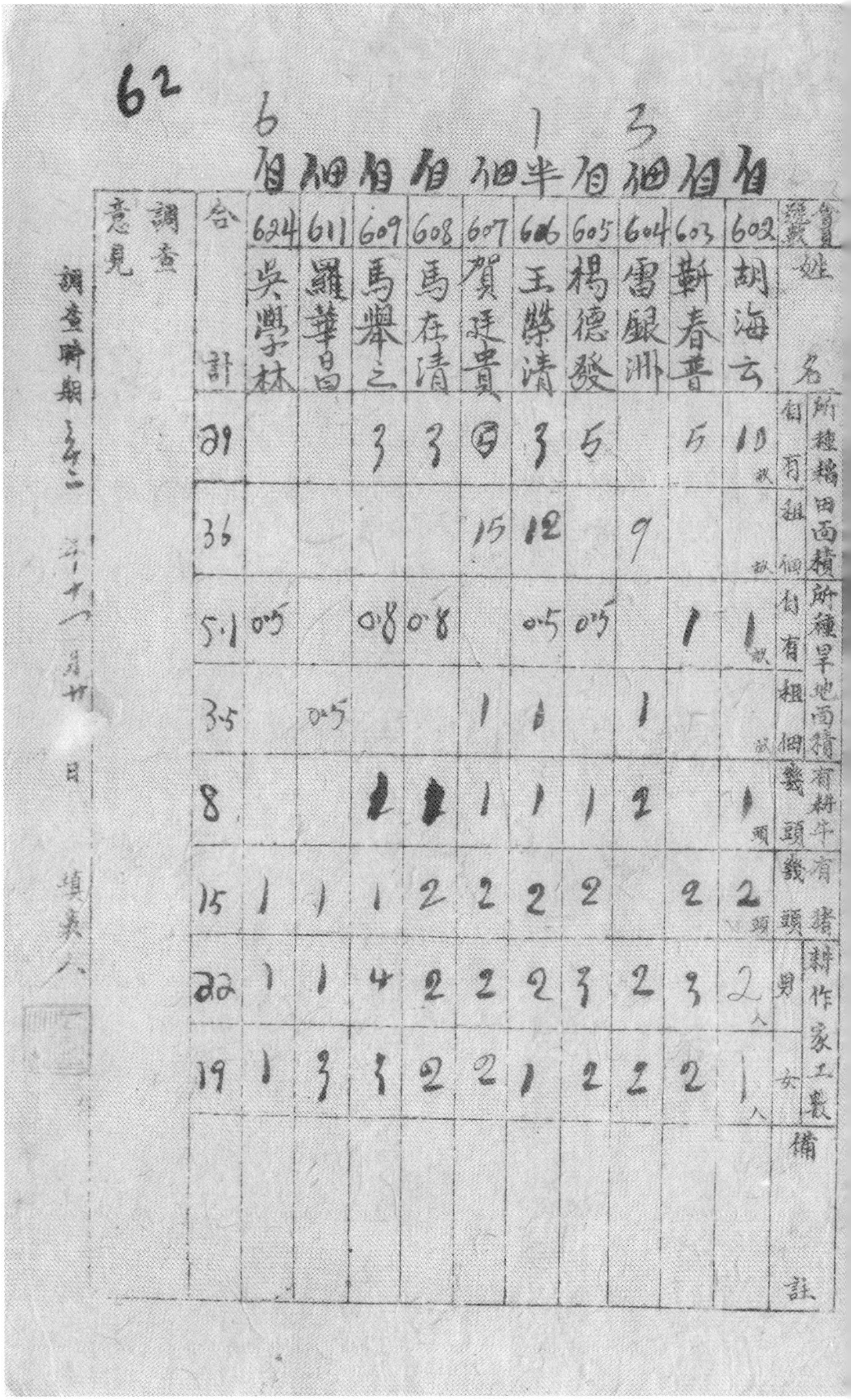

62

6　1　3

會員號數	成分	姓名	所種稻田面積 自有（畝）	所種稻田面積 租佃（畝）	所種旱地面積 自有（畝）	所種旱地面積 租佃（畝）	有耕牛幾頭	有豬幾頭	耕作家工數 男（人）	耕作家工數 女（人）	備註
602	自	胡海云	10		1		1	2	2	1	
603	自	靳春普	5		1			2	3	2	
604	佃	雷銀洲		9		1	2		2	2	
605	自	楊德發	5		0.5		1	2	3	2	
606	半	王縈清	3	12	0.5	1	1	2	2	1	
607	佃	賀廷貴	⑤	15		1	1	2	2	2	
608	自	馬在清	3		0.8		2	2	2	2	
609	自	馬舉之	3		0.8		2	1	4	3	
611	佃	羅華昌				0.5		1	1	3	
624	自	吳學林			0.5			1	1	1	
合計			29	36	5.1	3.5	8	15	22	19	

調查意見

調查時期 [illegible]年十一月廿日　填表人

63

璧山縣　鄉農會會員經濟調查表

第64頁

會員號數	姓名		所種稻田面積 自有（畝）	所種稻田面積 租佃（畝）	所種旱地面積 自有（畝）	所種旱地面積 租佃（畝）	有耕牛幾頭	有猪幾頭	耕作家工數 男（人）	耕作家工數 女（人）	備註
638	楊德輝	自	8		1		1	1	3	3	
625	曾維三	自	6		0.5			2	1	1	
639	吳海明	佃		12		1	1	2	2	3	
626	楊志仁	半	2	10	1	0.5	1	2	1	1	
640	吳春林	自	1		1			2	1	1	
627	張貫之	自	8		1			2	1	2	
641	楊錫光	自	15		1		1	2	1	1	
628	袁中吉	自			1			1	1	1	
629	楊國清	自			0.5			1	1	1	
630	楊海堂	自	2		.4			1	2	1	
合計			42	22	7.4	1.5	4	16	14	15	

調查意見：

壁山县河边乡农会会员经济调查表　9-1-237（65）

6样　9

號數	姓名	所種稻田面積 自有（畝）	所種稻田面積 租佃（畝）	所種旱地面積 自有（畝）	所種旱地面積 租佃（畝）	有耕牛數（頭）	有豬數（頭）	耕作家工數 男（人）	耕作家工數 女（人）	備註	(上方標記)
631	姜銀安				1		2	1	1		佃
632	姜渭清	5		0.5		1	1	1	1		自
633	張紹于	2		0.2			2	1	1		自 7
634	袁匡章	1		1.5	.		2	1	1		自
635	張述臣	5		1.5			2	2	1		自
636	吳樹云	4		.5		1	2	1	1		自
637	曾紹五	3		0.3			2		1		自
643	楊國中									重	重
515	吳寿康	10		1			1	1	2		自
517	吳述章				1		2	1	2		佃
	合計	30		3.5	2	2	16	9	11		

調查意見

調查時期三八年十一月廿九日

填表人

1

中華平民教育促進會實驗部調查表之一 (户)

縣______鄉鎮______保______甲

65项 231卷.

户主姓名______性別______年歲______

人口 共______人，男______人，女______人 男2人，女2人

失學兒童男/女______人；失學成人男/女______人(15歲——45歲)

(6-15岁)

生活狀況：①餘粮：共有土地______石

自耕農：共有土地______石

半自耕農：自有土地______石，佃來______石，地主姓名______現住何處______

交租______石，自得租穀______石，押租______

佃農：共有土地______石，地主姓名______現住何處______

押佃______交租______石，自得租穀______石

雇農：工資年得若干______農暇做何工作______

織布機：鐵機/木機______架，雇工幾人______

其他副業：______

家畜：水牛______頭，黄牛______頭，猪______隻，羊______隻

有無負債：借款來源______无 利率______用途______

調查者______ 35年______月______日

璧山县河边乡户口调查表 9-1-239（2）

璧山县河边乡户口调查表　9-1-239（3）

2

中華平民教育促進會實驗部調查表之一

璧山 縣 河邊 鄉鎮 一 保 三 甲

1. 户主姓名 楊明哲 性別 男 年歲 一九

2. 人口：共 四 人，男 二 人，女 二 人 ：男 人 女 人

失學兒童 男 女 人；失學成人 男 女 人(15歲— 45歲)

(6歲至15歲)

3. 生活狀況：紳粮：共有土地　　石 其他：茶店

自耕農：共有土地　　石

半自耕農：自有土地　　石，佃來　　石，地主姓名　　現住何處

交租　　石，自得租穀　　石，押租

佃農：共有土地　　石，地主姓名　　現住何處

押佃　　交租　　石，自得租穀

雇農；工資年得若干　　農暇做何工作

4. 織布機：鐵機 木機　　架，雇工幾人

5. 其他副業：副業

6. 家畜：水牛　　頭，黄牛　　頭，猪　　隻，羊　　隻

7. 有無負債：借款來源 由富紳 十五萬元 利率 大一分 用途 補助生活之不

8. 本年嬰兒出生死亡情形

調查者 楊明哲　35年 12 月 4 日

璧山县河边乡户口调查表　9-1-239（4）

3

中華平民教育促進會實驗部調查表之一　　（户）

璧山縣河邊鄉鎮　贰　保　七　甲

户主姓名　鍾華欽　性別　男　年歲　三六

人口：共　四人，男　三　人，女　一　人　僱工一男工　一女工

失學兒童 男 女　一　人；失學成人 男 女　一　人（15歲——45歲）
（—15歲）

生活狀況：餘粮：共有土地＿＿石　其他　包括商人　和尚　廠主

自耕農：共有土地　三　石

半自耕農：自有土地　四　石，佃來　肆　石，地主姓名　楊鍾氏　現住何處　城北鄉

交租　貳石捌斗　石，自得租穀　陸斗　石，押租　肆仟元

佃農：共有土地＿＿石，地主姓名＿＿現住何處＿＿

押佃＿＿交租＿＿石，自得租穀＿＿石

雇農：工資年得若干＿＿農暇做何工作＿＿

織布機：鐵機 木機＿＿架，雇工幾人＿＿

其他副業：＿＿

家畜：水牛　壹　頭，黄牛＿＿頭，猪　壹　隻，羊＿＿隻

有無負債：借款來源＿＿利率＿＿用途＿＿

[illegible]　調查者　鍾華欽　卅五年十二月四日

璧山县河边乡户口调查表 9-1-239（5）

4

中華平民教育促進會實驗部調查表之一

璧山 縣 河邊 鄉鎮 第弍 保 柒 甲

1. 户主姓名 鍾志高 性別 男 年歲 三六

2. 人口：共 玖 人，男 陸 人，女 叁 人 傭工 男工 女工

失學兒童 男 壹 女 貳 人；失學成人 男 貳 女 壹 人（15歲—45歲）
（6—15歲）

3. 生活狀況：紳糧：共有土地＿＿石 其他

自耕農：共有土地 陸 石

半自耕農：自有土地＿＿石，佃來＿＿石，地主姓名＿＿現住何處＿＿

交租＿＿石，自得租穀＿＿石，押租＿＿

佃農：共有土地＿＿石，地主姓名＿＿現住何處＿＿

押佃＿＿交租＿＿石，自得租穀＿＿

雇農：工資年得若干＿＿農暇做何工作＿＿

4. 織布機：鐵機 木機＿＿架，雇工幾人＿＿

5. 其他副業：＿＿

6. 家畜：水牛＿＿頭，黄牛＿＿頭，猪 壹 隻，羊＿＿隻

7. 有無負債：借款來源 納會 弍拾萬元 利率 捌分 用途 衣食費

今嬰兒本年出生死亡情形

調查者 鍾志高 卅五年十二月四日

璧山县河边乡户口调查表 9-1-239（6）

5

中華平民教育促進會實驗部調查表之一 （户）

璧山縣 河邊 鄉鎮 第三 保 五 甲

户主姓名 睢俊傑 性别 男 年歲 二十五岁

人口：共 五 人，男 三 人，女 二 人 （父母在，弟兄四人已分居）

失學兒童 男____ 女____ 人；失學成人 男 一 女 一 人（15歲—45歲）（6—15岁）

生活狀况：紳糧：共有土地____石 其他

自耕農：共有土地 拾 石 （[illegible]一人）

半自耕農：自有土地____石，佃來____石，地主姓名____現住何處____

交租____石，自得租穀____石，押租____

佃農：共有土地____石，地主姓名____現住何處____

押佃____交租____石，自得租穀____石

雇農：工資年得若干____農暇做何工作____

織布機：鐵機 木機____架，雇工幾人____

其他副業：____

家畜：水牛 租牛一 頭，黄牛 ○ 頭，猪 一 隻，羊____隻

有無負債：借款來源____利率____用途____

本年嬰兒出生死亡情形

調查者 睢俊傑 卅五年十二月五日

[illegible]

壁山县河边乡户口调查表　9-1-239（7）

6

中華平民教育促進會實驗部調查表之一

壁山縣 河邊 鄉鎮 三 保 一 甲

1. 户主姓名 姜録安 性别 男 年歲 四八

2. 人口：共 八 人，男 五 人，女 三 人

失學兒童（6歲—15歲）男＿＿ 女＿＿ 人；失學成人 男 壹 女 三 人（15歲—45歲）

3. 生活狀況：餘粮：共有土地 [illegible] 石 其他

自耕農：共有土地 [illegible] 石

半自耕農：自有土地＿＿石，佃來＿＿石，地主姓名＿＿現住何處＿＿

交租＿＿石，自得租穀＿＿石，押租＿＿

佃農：共有土地＿＿石，地主姓名＿＿現住何處＿＿

押佃＿＿交租＿＿石，自得租穀＿＿

雇農：工資年得若干＿＿農暇做何工作＿＿

4. 織布機：鐵機＿＿ 木機＿＿ 架，雇工幾人＿＿

5. 其他副業： 泥業

6. 家畜：水牛＿＿頭，黄牛 ○ 頭，猪 ○ 隻，羊 ○ 隻

7. 有無負債：借款來源＿＿利率 十分 用途＿＿

調查者 姜光國　卅五 年 十二 月 五 日

璧山县河边乡户口调查表 9-1-239（8）

7

中華平民教育促進會實驗部調查表之一 （户）

山縣 河边 鄉鎮 〇 保 六 甲 大仙山

户主姓名 毛国之 性别 男 年歲 二二 四十六

人口：共 十一 人，男 三 人，女 八 人 （兄一 自 父 母在 妹二人）（男工一人）

失學兒童 男 女 一 人；失學成人 男 女 二 人（15歲—45歲）
（6—15歲）

生活狀況：鋪粮：共有土地 十 石 其他（包括商人和尚厰主）

自耕農：共有土地 十 石

半自耕農：自有土地＿＿石，佃來＿＿石，地主姓名＿＿現住何處＿＿

交租＿＿石，自得租穀＿＿石，押租＿＿

佃農：共有土地＿＿石，地主姓名＿＿現住何處＿＿

押佃＿＿交租＿＿石，自得租穀＿＿石

雇農：工資年得若干＿＿農暇做何工作＿＿

織布機：鐵機 木機＿＿架，雇工幾人＿＿

其他副業：＿＿

家畜：水牛 佃牛一 頭，黄牛 〇 頭，猪 二 隻，羊 〇 隻

有無負債：借款來源＿＿利率＿＿用途＿＿
本年嬰兒出生死亡情形

調查者 毛文端 卅五年十二月五日

二五歲，中南中学修業四期，耕種親戚[illegible]田

[illegible]，收支相抵，不负經濟責任。

璧山县河边乡户口调查表　9-1-239（9）

8

中華平民教育促進會實驗部調查表之一

＿＿縣＿＿鄉鎮＿＿保＿＿甲

1. 户主姓名＿＿性别＿＿年歲＿＿

2. 人口：共＿＿人，男＿＿人，女＿＿人

失學兒童男＿＿女＿＿人；失學成人男＿＿女＿＿人(15歲—45歲)

3. 生活狀况：餘粮：共有土地＿＿石

自耕農：共有土地＿＿石

半自耕農：自有土地＿＿石，佃來＿＿石，地主姓名＿＿現住何處＿＿

交租＿＿石，自得租穀＿＿石，押租＿＿

佃農：共有土地＿＿石，地主姓名＿＿現住何處＿＿

押佃＿＿交租＿＿石，自得租穀＿＿

雇農；工資年得若干＿＿農暇做何工作＿＿

4. 織布機：鐵機＿＿木機＿＿架，雇工幾人＿＿

5. 其他副業：＿＿

6. 家畜：水牛＿＿頭，黄牛＿＿頭，猪＿＿隻，羊＿＿隻

7. 有無負債：借款來源＿＿利率＿＿用途＿＿

調查者＿＿　年　月　日

9

中華平民教育促進會實驗部調查表之一 (户)

山 縣 河边 鄉鎮 五 保 十一 甲

户主姓名 何鸣皋 性别 男 年歲 貳伍

人口：共 四 人，男 二 人，女 二 人 男工 一人 女工 一人

失學兒童男女 二 人；失學成人男女 二 人(15歲—45歲)

(7—15歲)

其他 商人 一 廠主 一 和尚

生活狀況：餘粮：共有土地 石

自耕農：共有土地 石

半自耕農：自有土地 石，佃來 石，地主姓名 現住何處

交租 石，自得租穀 石，押租

佃農：共有土地 二斗 石，地主姓名 何家荣 現住何處 何家湾

押佃 500 交租 二斗 石，自得租穀 二斗 石

雇農：工資年得若干 農暇做何工作

織布機：鐵機 木機 架，雇工幾人

其他副業：中医

家畜：水牛 0 頭，黄牛 0 頭，猪 壹 隻，羊 0 隻

有無負債：借款來源 請会廿万元 利率 八分 用途 為開業铺

本年嬰兒出生死亡情形 —男—女人

調查者 何鸣皋 年 月 日

负保甲责任 [illegible] 三人，已[illegible]

璧山县河边乡户口调查表 9-1-239（10）

10

中華平民教育促進會實驗部調查表之一

璧山縣河边鄉鎮　五　保　十一　甲

1. 户主姓名　何又昭　性別　男　年歲　48

2. 人口：共　6　人，男　3　人，女　3　人　男工一人，女工一人

失學兒童男女　三　人；失學成人男女　人（15歲—45歲）
16—19

3. 生活狀況：紳粮：共有土地　石　其他

自耕農：共有土地　一　石

半自耕農：自有土地　石　佃來　石，地主姓名　現住何處

交租　石，自得租穀　石，押租

佃農：共有土地　石，地主姓名　現住何處

押佃　交租　石，自得租穀

雇農：工資年得若干　農暇做何工作

4. 織布機：鐵機木機　架，雇工幾人

5. 其他副業：　

6. 家畜：水牛　頭，黄牛　頭，猪　二　隻，羊　隻

7. 有無負債：借款來源　利率　用途

8 ………

調查者　何瀾　　年　月　日

11

中華平民教育促進會實驗部調查表之一 （户）

璧山縣 河边鄉鄉鎮 六 保 四 甲

户主姓名 毛錫章 性別 男 年歲 三二

人口：共 四 人，男 二 人，女 二 人 僱工一男工一人女工一人

失學兒童男/女 人；失學成人男/女 二 人(15歲—45歲)

[illegible] 15歲

生活狀況：紳粮：共有土地 二 石 其他

自耕農：共有土地 [illegible] 石 （田二石土一石）

半自耕農：自有土地 石，佃來 石，地主姓名 現住何處

交租 石，自得租穀 石，押租

佃農：共有土地 石，地主姓名 現住何處

押佃 交租 石，自得租穀 石

雇農；工資年得若干 農暇做何工作

織布機：鐵機/木機 架，雇工幾人

其他副業：煮酒

家畜：水牛 頭，黄牛 頭，猪 三 隻，羊 隻

有無負債：借款來源 向農会貸款 利率 三分 用途 買猪用

本年嬰兒出生死亡情形 二万五千元

調查者 毛錫章 三五年十二月五日

力子畢業，身体不健康，收支相抵，負擔[illegible]

弟兄二人，已分居。

璧山县河边乡户口调查表 9-1-239（12）

12

中華平民教育促進會實驗部調查表之一

璧山縣 河邊 鄉鎮 第六 保 六 甲

非農民

1. 户主姓名 胡亜南 性別 男 年歲 37

2. 人口：共 4 人，男 2 人，女 2 人　男工＿＿人　女工＿＿人

失學兒童（6—15歲）男＿＿女 1 人；失學成人 男＿＿女 1 人（15歲—45歲）

3. 生活狀況：　佃糧：共有土地 8 石 [illegible] 其他

自耕農：共有土地 1 石

半自耕農：自有土地＿＿石，佃來＿＿石，地主姓名＿＿現住何處＿＿

交租＿＿石，自得租穀＿＿石，押租＿＿

佃農：共有土地＿＿石，地主姓名＿＿現住何處＿＿

押佃＿＿交租＿＿石，自得租穀＿＿

雇農：工資年得若干＿＿農暇做何工作＿＿

4. 織布機：鐵機＿＿木機＿＿架，雇工幾人＿＿

5. 其他副業：＿＿

6. 家畜：水牛＿＿頭，黄牛＿＿頭，猪 1 隻，羊＿＿隻

7. 有無負債：借款來源＿＿利率＿＿用途＿＿

8. 本年嬰兒出生死亡情形

調查者 胡亜南　35 年 12 月 5? 日

私塾四年 [illegible]

[illegible]

璧山县河边乡户口调查表 9-1-239（14）

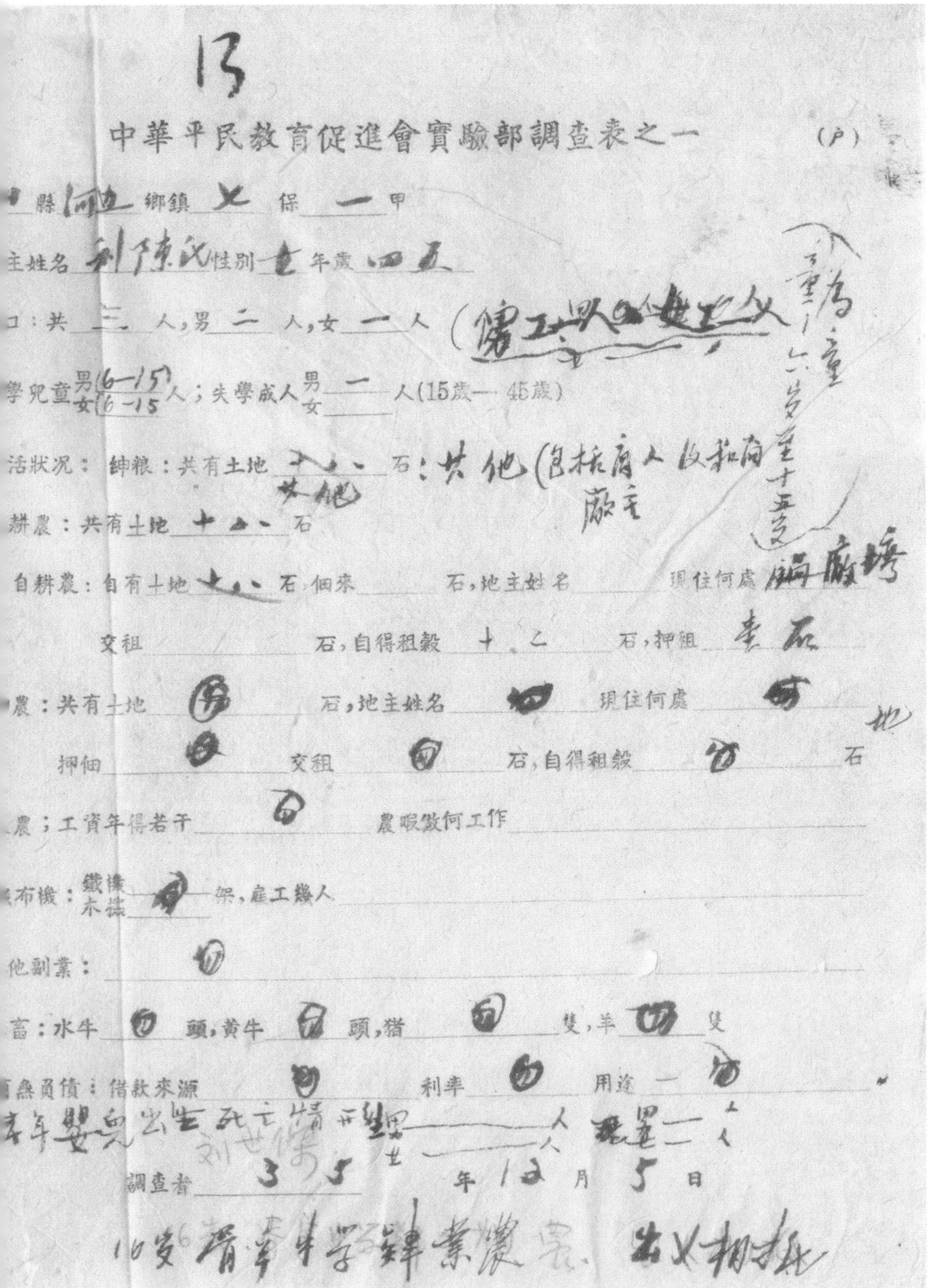

中華平民教育促進會實驗部調查表之一 （户）

縣 河边 鄉鎮 七 保 一 甲

主姓名 刘陈氏 性别 女 年歲 四五

口：共 三 人，男 二 人，女 一 人

學兒童 男 6-15 女 6-15 人；失學成人 男 一 女 人（15歲—45歲）

活狀況：鉀粮：共有土地 十八 石；其他

耕農：共有土地 十八 石

自耕農：自有土地 十八 石 佃来 石，地主姓名 現住何處

交租 石，自得租穀 十二 石，押租 壹石

農：共有土地 無 石，地主姓名 無 現住何處 無

押佃 無 交租 無 石，自得租穀 無 石

農；工資年得若干 無 農暇做何工作

布機：鐵機 木機 無 架，雇工幾人

他副業： 無

畜：水牛 無 頭，黄牛 無 頭，猪 無 隻，羊 無 隻

負債：借款來源 無 利率 無 用途 無

本年嬰兒出生死亡情形 男 人 女 人

調查者 刘世保 35 年 12 月 5 日

14

中華平民教育促進會實驗部調查表之一

璧山縣河邊鄉鎮七保八甲

1. 户主姓名侯泰桃　性别男　年歲四八

2. 人口：共拾壹人，男六人，女五人（媳婦一人，婦一人）

失學兒童男二、女一人；失學成人男＿、女＿人（15歲——45歲）
（6—15歲）

3. 生活狀況：紳粮：共有土地＿石　其他包括獻和高[illegible]

自耕農：共有土地＿石

半自耕農：自有土地＿石，佃來＿石，地主姓名＿現住何處＿

交租＿石，自得租穀＿石，押租＿

佃農：共有土地五石，地主姓名鄧吉安　現住何處青木關

押佃　[illegible]元　交租叁＿石，自得租穀式

雇農：工資年得若干＿　農暇做何工作＿

4. 織布機：鐵機＿、木機＿架，雇工幾人＿

5. 其他副業：織綢

6. 家畜：水牛〇頭，黄牛一頭，猪式隻，羊＿隻

7. 有無負債：借款來源＿利率＿用途＿

8. 本年嬰兒出生死亡情形生男＿人、女＿人

調查者侯紀[illegible]　年　月　日

31歲，[illegible]
[illegible]

璧山县河边乡户口调查表 9-1-239（16）

16

中華平民教育促進會實驗部調查表之一 （户）

璧山縣 河邊 鄉鎮 八 保 九 甲

户主姓名 雷映先 性別 男 年歲 二五

人口：共 五 人，男 二 人，女 三 人 男工 一 人，女工 一 人

失學兒童（6—15歲）男 ____ 女 ____ 人；失學成人 男 ____ 女 ____ 人（15歲—45歲）

生活狀況：鉢粮：共有土地 ____ 石 其他（包括 ）

自耕農：共有土地 ____ 石

半自耕農：自有土地 ____ 石，佃來 ____ 石，地主姓名 ____ 現住何處 ____

交租 ____ 石，自得租穀 ____ 石，押租 ____

佃農：共有土地 ____ 石，地主姓名 ____ 現住何處 ____

押佃 ____ 交租 ____ 石，自得租穀 ____ 石

雇農：工資年得若干 ____ 農暇做何工作 ____

織布機：鐵機 ____ 木機 ____ 架、雇工幾人 ____

其他副業：____

家畜：水牛 ____ 頭，黄牛 ____ 頭，猪 ____ 隻，羊 ____ 隻

有無負債：借款來源 ____ 利率 ____ 用途 ____

本年嬰兒出生死亡情形

調查者 ____ 年 月 日

16

中華平民教育促進會實驗部調查表之一

璧山縣河边鄉鎮8保9甲

1. 户主姓名雷绍元 性别男 年歲48

2. 人口：共12人，男7人，女5人，男工2人，女工　人

失學兒童男　人；失學成人男　人(15歲—45歲)
(6—15歲)女2　女

3. 生活狀況(1)紳糧：共有土地　石 (6)其他：(包括商人、和尚、厰主)

(2)自耕農：共有土地　石

(3)半自耕農：自有土地　石，佃來　石，地主姓名　現住何處

交租　石，自得租穀　石，押租

(4)佃農：共有土地　石，地主姓名　現住何處

押佃　交租　石，自得租穀

(5)雇農；工資年得若干　農暇做何工作

4. 織布機：鐵機　架，雇工幾人
木機

5. 其他副業：

6. 家畜：水牛　頭，黄牛　頭，猪　隻，羊　隻

7. 有無負債：借款來源　利率　用途

8. 本年嬰兒出生死亡情形

調查者雷鋐欽　35年12月4日

璧山县河边乡户口调查表 9-1-239（18）

17

中華平民教育促進會實驗部調查表之一 （户）

山縣 河邊 鄉鎮 九 保 十 甲

主姓名 胡时雍 性别 男 年歲 五二

口：共 十二 人，男 五 人，女 七 人 男工 女工

學兒童男＿＿人；失學成人男＿＿人（15歲——45歲）
女＿＿　　　　　　　　　女 一

活狀況：紳粮：共有土地 十五 石 其他

耕農：共有土地 十五 石

自耕農：自有土地＿＿石，佃來＿＿石，地主姓名＿＿現住何處＿＿

交租＿＿石，自得租穀＿＿石，押租＿＿

佃農：共有土地＿＿石，地主姓名＿＿現住何處＿＿

押佃＿＿交租＿＿石，自得租穀＿＿石

雇農；工資年得若干＿＿農暇做何工作＿＿

織布機：鐵機＿＿架，雇工幾人＿＿
木機

他副業：＿＿

畜：水牛 一 頭，黄牛＿＿頭，猪 二 隻，羊＿＿隻

有無負債：借款來源＿＿利率＿＿用途＿＿

本年嬰兒出生死亡情形

調查者 胡廷覲 三五 年 十二 月 五 日

18

中華平民教育促進會實驗部調查表之一

壁山縣河邊鄉鎮九保四甲

1. 户主姓名胡棟臣 性别男 年歲五拾壹

2. 人口：共肆人，男弍人，女弍人 [illegible]：男工一人，女工一

失學兒童男＿人；失學成人男弍　女壹　人（15歲—45歲）
（6—15歲）

3. 生活狀況：紳粮：共有土地＿石 其他（包括商人

自耕農：共有土地弍拾石 佃租拾石

半自耕農：自有土地陸石，佃來＿石，地主姓名＿現住何處＿

交租＿石，自得租穀＿石，押租＿

佃農：共有土地＿石，地主姓名＿現住何處＿

押佃＿交租＿石，自得租穀＿

雇農；工資年得若干＿農暇做何工作＿

4. 織布機：鐵機＿木機＿架，雇工幾人＿

5. 其他副業：＿

6. 家畜：水牛 [illegible] 頭，黄牛＿頭，猪壹隻，羊＿隻

7. 有無負債：借款來源＿利率＿用途＿

8. 今年嬰兒出生死亡情形

調查者胡廷燦 叁拾五年 12 月 4 日

20 歲 河邊鄉中心校畢業

出入相抵 父母存

璧山县河边乡户口调查表　9-1-239（20）

19

中華平民教育促進會實驗部調查表之一　（户）

璧山縣 河邊 鄉鎮 第十 保 五 甲

户主姓名 王青云 性别 男 年歲 五六

人口：共 十 人，男 四 人，女 五 人 （男工＿人女工＿人）

失學兒童（6—15歲）男 一 女 一 人；失學成人 男＿ 女 壹 人（15歲—45歲）

生活狀況：餘粮：共有土地 貳[illegible] 石 其他

自耕農：共有土地 拾伍 石

半自耕農：自有土地 拾伍 石，佃來 伍 石，地主姓名 吳迎丰 現住何處 璧山[illegible]

交租 無租 石，自得租穀 伍 石，押租 陸拾萬

佃農：共有土地 伍15 石，地主姓名 吳興榮 現住何處 璧山縣中城校

押佃 陸拾萬元 交租 無 石，自得租穀 15 石

雇農：工資年得若干 壹佰伍拾萬 農暇做何工作 收料子即挑紙出售

織布機：鐵機／木機＿架，雇工幾人＿

其他副業：紙廠

家畜：水牛＿頭，黄牛 貳 頭，猪 壹 隻，羊＿隻

有無負債：借款來源 無 利率＿ 用途＿

本年嬰兒出生死亡情形

調查者 王玉春 卅五 年 十二 月 四 日

壁山县河边乡户口调查表 9-1-239（21）

70

中華平民教育促進會實驗部調查表之一

壁山縣 河边 鄉鎮 第拾 保 一 甲

1. 户主姓名 代辉吉 性別 男 年歲 貳拾五

2. 人口：共 六 人，男 二 人，女 四 人 雇工男工几人女工

失學兒童（6—15岁）男 人；女 人；失學成人男 人 女 二 人（15歲—45歲）

3. 生活狀況：紳粮：共有土地 [redacted] 石 其他

自耕農：共有土地 四 石

半自耕農：自有土地 石，佃來 石，地主姓名 現住何處

交租 石，自得租穀 石，押租

佃農：共有土地 石，地主姓名 現住何處

押佃 交租 石，自得租穀

雇農；工資年得若干 農暇做何工作

4. 織布機：鐵機 架，木機 雇工幾人

5. 其他副業：烤酒

6. 家畜：水牛 頭，黄牛 頭，猪 二 隻，羊 隻

7. 有無負債：借款來源 私人借贷 利率 十 用途 做生意

8. 本年婴儿出生死亡情形

調查者 代辉吉 35 年 12 月 5 日

21

中華平民教育促進會實驗部調查表之一 （户）

山縣 河邊 鄉鎮 十一 保 三 甲

主姓名 周益春 性別 男 年歲 四八

口：共 玖 人 男 肆 人，女 伍 人 傭工 一 人

學兒童 男 — 人；失學成人 男 女 貳 人(15歲—45歲)
（6—15歲）

活狀況：歸粮：共有土地 石 其他（ ）

耕農：共有土地 石

自耕農：自有土地 叁 石，佃來 拾肆 石，地主姓名 賀孔哈 現住何處 璧山城

交租 玖 石，自得租穀 肆 石，押租

佃農：共有土地 拾肆 石，地主姓名 賀孔哈 現住何處 璧山

押佃 壹佰肆拾元 交租 拾 石，自得租穀 叁 石

雇農；工資年得若干 農暇做何工作

織布機：鐵機 木機 架，雇工幾人

他副業：

畜：水牛 壹 頭，黃牛 頭，猪 肆 隻，羊 隻

有無負債：借款來源公 弍佰貳元 利率 每月拾陸元 用途 購物

年嬰兒出生死亡情形

調查者 周厚榮 年 月 日

璧山县河边乡户口调查表 9-1-239（23）

22

中華平民教育促進會實驗部調查表之一

璧山 縣 河邊 鄉鎮 第11 保 1 甲

1. 户主姓名 李華新 性別 男 年歲 45

2. 人口：共 13 人，男 6 人，女 7 人

失學兒童男 女 2 人；失學成人男 女 2 人(15歲—45歲)

3. 生活狀況： 紳粮：共有土地 石

自耕農：共有土地 石

半自耕農：自有土地 8 石，佃來 3 石，地主姓名 賀邑氏 現住何處 渝城

交租 2 石，自得租穀 1 石，押租 2千元

佃農：共有土地 石，地主姓名 現住何處

押佃 交租 石，自得租穀

雇農；工資年得若干 農暇做何工作

4. 織布機：鐵機 木機 架，雇工幾人

5. 其他副業：

6. 家畜：水牛 1 頭，黄牛 頭，猪 2 隻，羊 1 隻

7. 有無負債：借款來源 利率 用途

8. 本年嬰兒出生死亡情形

調查者 李萬財 35 年 12 月 5 日

23

中華平民教育促進會實驗部調查表之一 （户）

山縣 河边 鄉鎮 十二 保 一 甲

主姓名 賀全安 性別 男 年歲 四十二

口：共 八 人，男 四 人，女 四 人

學兒童 男 二 女 三 人；失學成人 男 女 人(15歲—45歲)

活狀況： 餘粮：共有土地 石 其他

耕農：共有土地 一 石

自耕農：自有土地 石，佃來 石，地主姓名 現住何處

交租 石，自得租穀 石，押租

農：共有土地 石，地主姓名 現住何處

押佃 交租 石，自得租穀 石

農；工資年得若干 農暇做何工作

布機：鐵機 木機 架，雇工幾人

他副業：

畜：水牛 三户共一 頭，黄牛 頭，猪 二 隻，羊 隻

庭負債：借款來源 向私借貸 利率 八分 用途 買耕牛

調查者 賀全安 三十五年 十二 月 四 日

璧山县河边乡户口调查表 9-1-239（24）

24

中華平民教育促進會實驗部調查表之一

璧山縣河邊鄉鎮第十二保第四甲

1. 户主姓名 周泉山 性別 男 年歲 伍拾二

2. 人口：共拾三 人，男 捌 人，女 伍 人 男工 人 女工 人

失學兒童男 壹 女 壹 人；失學成人男 女 人（15歲——45歲）

3. 生活狀況：紳粮：共有土地 石 與他(包)括商人和尚歇主

自耕農：共有土地 石

半自耕農：自有土地 石，佃來 石，地主姓名 現住何處

交租 石，自得租穀 石，押租

佃農：共有土地 拾伍 石，地主姓名 蒼雨楠 現住何處 城中鄉

押佃 壹百元 交租 捌 石，自得租穀 肆

雇農；工資年得若干 農暇做何工作

4. 織布機：鐵機 木機 架，雇工幾人

5. 其他副業：扯野麻織布車碗

6. 家畜：水牛 壹 頭，黄牛 〇 頭，猪 陸 隻，羊 肆 隻

7. 有無負債：借款來源 利率 用途

8本年嬰兒出生死亡情

調查者 周家林 二拾伍年 冬 月十二日

璧山县河边乡户口调查表　9-1-239（26）

25

中華平民教育促進會實驗部調查表之一　（户）

山縣 河邊 鄉鎮 十三 保 四 甲

主姓名 王章明 性別 男 年歲 四五

口：共 8 人，男 5 人，女 3 人（雇工：男工 人 女工 人）

學兒童 男 女 人；失學成人 男 女 貳 人（15歲—45歲）
6—15歲）

活狀況：餘粮：共有土地 石 其他（包括商人和尚厰主）

耕農：共有土地 陸6 石

半自耕農：自有土地 石，佃來 石，地主姓名 現住何處

交租 石，自得租穀 石，押租

佃農：共有土地 石，地主姓名 現住何處

押佃 交租 石，自得租穀 石

雇農；工資年得若干 農暇做何工作

織布機：鐵機 木機 貳 架、雇工幾人

其他副業：織布

家畜：水牛 頭，黄牛 頭，猪 貳 隻，羊 隻

有無負債：借款來源 利率 用途

本年嬰兒出生死亡情形

調查者 王章明 35 年 12 月 15 日

26

中華平民教育促進會實驗部調查表之一

壁山縣 河邊 鄉鎮 十三 保 五 甲

1. 户主姓名 賀榮芳 性別 男 年歲 38

2. 人口：共 10 人，男 5 人，女 5 人（男工 2 人，女工 1 人）

失學兒童 男 ___ 女 1 人；失學成人 男 2 女 4 人（15歲——45歲）（6—15歲）

3. 生活狀況：紳粮：共有土地 ___ 石（9）（其他包括商人和商，廠主。）

自耕農：共有土地 ___ 石

半自耕農：自有土地 拾 石，佃來 弍拾 石，地主姓名 白榮華 現住何處 城□

交租 15 石，自得租穀 5 石，押租 谷 2，

佃農：共有土地 ___ 石，地主姓名 ___ 現住何處 ___

押佃 ___ 交租 ___ 石，自得租穀 ___

雇農；工資年得若干 ___ 農暇做何工作 ___

4. 織布機：鐵機 / 木機 ___ 架，雇工幾人 7

5. 其他副業：啟 □

6. 家畜：水牛 ___ 頭，黃牛 ___ 頭，猪 ___ 隻，羊 ___ 隻

7. 有無負債：借款來源 請會 200元 利率 □ 用途 營業資本

8. 本年嬰兒出生死亡情形：

調查者 賀學□ 35 年 12 月 5 日

璧山县河边乡户口调查表　9-1-239（28）

27

中華平民教育促進會實驗部調查表之一　（户）

縣 河边 鄉鎮 十四 保 三 甲

主姓名 吴荣光 性别 男 年歲 伍〇

口：共 四 人，男 二 人，女 二 人 男工一人，女工一人

學兒童 男 女 人；失學成人 男 女 一 人（15歲——45歲）
—15岁

活狀況： 餘粮：共有土地 [illegible] 石（其他（包括：商 和尚 厰主）

耕農：共有土地 [illegible] 石

自耕農：自有土地 [illegible] 石，佃來 [illegible] 石，地主姓名 吴生云 現住何處 [illegible]

交租 壹斗 石，自得租穀 [illegible] 石，押租 叁佰元

農：共有土地 石，地主姓名 現住何處

押佃 交租 石，自得租穀 石

農；工資年得若干 農暇做何工作

布機：鐵機 木機 架，雇工幾人

他副業：

畜：水牛 一 頭，黄牛 頭，猪 二 隻，羊 隻

無負債：借款來源 利率 用途

[illegible]

調查者 吴光華 卅五年十二月四日

璧山县河边乡户口调查表 9-1-239（29）

28

中華平民教育促進會實驗部調查表之一

璧山縣河边鄉鎮十四保四甲

1. 户主姓名吴月清 性別男 年歲三0

2. 人口：共12人，男6人，女5人 男工一女工一人

失學兒童男____女____人；失學成人男____女____人（15歲—45歲）

3. 生活狀況：紳糧：共有土地50石 其他：（包括商人，和尚，厰主，

自耕農：共有土地____石

半自耕農：自有土地____石，佃來____石，地主姓名____現住何處____

交租____石，自得租穀____石，押租____

佃農：共有土地____石，地主姓名____現住何處____

押佃____交租____石，自得租穀____

雇農：工資年得若干____農暇做何事____

4. 織布機：鐵機 木機____架，雇工幾人____

5. 其他副業：____

6. 家畜：水牛____頭，黄牛____頭，猪____隻，羊____隻

7. 有無負債：借款來源____利率____用途____

8 本年嬰兒出生死亡情形

調查者吴月富 35年12月4日

璧山县城东乡土布调查表　9-1-240（2）

170页
240号
1

中華平民教育促進會實驗部調查表之七（土布）

縣 城東 鄉 弍 保弍甲九户

1. 機户姓名 晏海灿　　2. 現在開工或停工
3. 機頭若干：鐵機 弍 架 木機 架
4. 織機來源：自製 或由何處購買
5. 有無僱工？ 人工資每人 元 計資方法
6. 原料：土紗或洋紗 洋紗 購買地點 渝
　及方法
7. 三年內產量若干？ 今年增減情形及原因
8. 銷售方法：銷場 佣金若干 稅捐若干
9. 有無整染設備？ 整染方法
　整染費用
10. 產品：類別，寬布 疋 窄布 疋
　朝 白布 弍拾 疋 藍布 疋

附註：1. 八九兩項均以疋計算　2. 十項以月計算

調查者　36年4月2日

中華平民教育促進會實驗部調查表之七（土布）

縣 城东 鄉 弍 保三甲八户

1. 機户姓名 吴奎先　　2. 現在開工或停工

3. 機頭若干：鐵機 弍 架木機 架

4. 織機來源：自製 或由何處購買

5. 有無僱工？ 人工資每人 元計資方法

6. 原料：土紗或洋紗 洋纱 購買地點 渝
及方法

7. 三年內產量若干？ 今年增減情形及原因

8. 銷售方法：銷場 佣金若干 稅捐若干

9. 有無整染設備？ 整染方法
整染費用

10. 產品：類別，寬布 疋窄布 疋
每月白布 弍拾 疋藍布 疋

附註：1. 八九兩項均以疋計算　2. 十項以月計算

調查者　　36 年 9 月 2 日

2

璧山县城东乡土布调查表　9-1-240（3）

璧山县城东乡土布调查表　9-1-240（4）

中華平民教育促進會實驗部調查表之七（土布）

縣 城东 鄉 弍 保 四甲八户

1. 機户姓名 蔣昌榮　　2. 現在開工或停工
3. 機頭若干：鐵機 弍 架 木機 架
4. 織機來源：自製 自 或由何處購買
5. 有無僱工？ 人工資每人 元 計資方法
6. 原料：土紗或洋紗 洋纱 購買地點 渝
　　及方法
7. 三年内產量若干？ 今年增減情形及原因
8. 銷售方法：銷場 佣金若干 稅捐若干
9. 有無整染設備？ 整染方法
　　整染費用
10. 產品：類别，寬布 疋 窄布 疋
　　每月 白布 弍拾 疋 藍布 疋

附註：1. 八九兩項均以疋計算　2. 十項以月計算

調查者 3[illegible]年 [illegible]月 [illegible]日

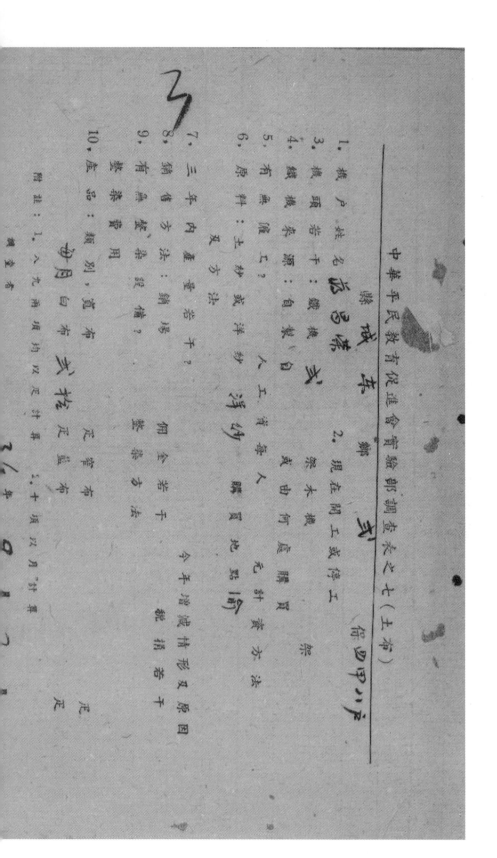

中華平民教育促進會實驗部調查表之七（土布）

縣 城東　　鄉 2　　保 四甲五户

1. 機户姓名 蕭老遠　　2. 現在開工或停工 傍

3. 機頭若干：鐵機 壹 架 木機 - 架

4. 織機來源：自製 壹 或由何處購買

5. 有無僱工？　人工資每人　元 計資方法

6. 原料：土紗或洋紗 洋紗　購買地點 偽

及方法

7. 三年内產量若干？　今年增減情形及原因

8. 銷售方法：銷場　佣金若干　税捐若干

9. 有無整染設備？　整染方法

整染費用

10. 產品：類别，寬布　疋 窄布　疋

白布　疋 藍布　疋

附註：1. 八九兩項均以疋計算　2. 十項以月計算

調查者　　35 年 9 月 2 日

璧山县城东乡土布调查表　9-1-240（5）

璧山县城东乡土布调查表 9-1-240（6）

5

中華平民教育促進會實驗部調查表之七（土布）

縣 城東 鄉 保 四甲十二户

1. 機户姓名 邱維森 2. 現在開工或停工 停

3. 機頭若干：鐵機 弍 架 木機 架

4. 織機來源：自製 或由何處購買

5. 有無僱工？ 人工資每人 元 計資方法

6. 原料：土紗或洋紗 洋紗 購買地點 簡
及方法

7. 三年內產量若干？ 今年增減情形及原因

8. 銷售方法：銷場 佣金若干 稅捐若干

9. 有無整染設備？ 整染方法
整染費用

10. 產品：類別，寬布 疋 窄布 疋
細白布 弍拾 疋 藍布 疋

附註：1. 八九兩項均以疋計算 2. 十項以月計算

調查者 36 年 9 月 9 日

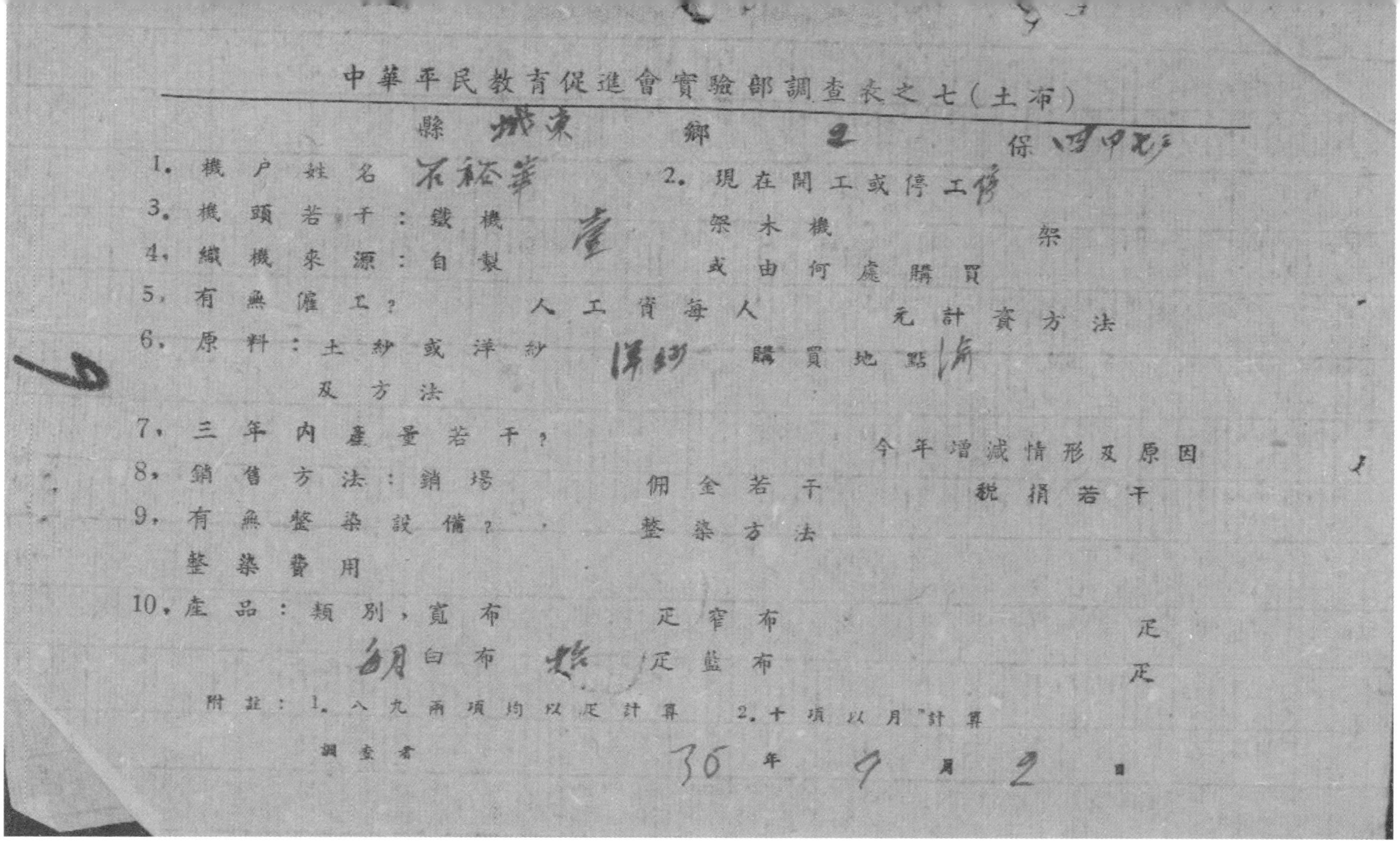

中華平民教育促進會實驗部調查表之七（土布）

縣 城東 鄉 2 保

1. 機户姓名　　　2. 現在開工或停工 停

3. 機頭若干：鐵機 壹 架 木機 架

4. 織機来源：自製 或由何處購買

5. 有無僱工？ 人工資每人 元 計資方法

6. 原料：土紗或洋紗 洋紗 購買地點 渝

及方法

7. 三年内產量若干？ 今年增減情形及原因

8. 銷售方法：銷場 佣金若干 稅捐若干

9. 有無整染設備？ 整染方法

整染費用

10. 產品：類别，寬布 疋 窄布 疋

白布 疋 藍布 疋

附註：1. 八九兩項均以疋計算　2. 十項以月計算

調查者　　30 年 9 月 2 日

璧山县城东乡土布调查表　9-1-240（7）

璧山县城东乡土布调查表　9-1-240（8）

中華平民教育促進會實驗部調查表之七（土布）

縣 城東 鄉 2 保 四甲十戶

1. 機户姓名 周大源　2. 現在開工或停工 停
3. 機頭若干：鐵機 壹　架木機　架
4. 織機來源：自製　或由何處購買
5. 有無僱工？　人工資每人　元計資方法
6. 原料：土紗或洋紗 洋紗　購買地點 瀘
　　及方法
7. 三年内產量若干？　今年增减情形及原因
8. 銷售方法：銷場　佣金若干　税捐若干
9. 有無整染設備？　整染方法
　　整染費用
10. 產品：類别，寬布　疋窄布　疋
　　每月白布 拾 疋藍布　疋

附註：1. 八九兩項均以疋計算　2. 十項以月計算

調查者　36年 [illegible] 月 8 日

中華平民教育促進會實驗部調查表之七（土布）

縣 城東 鄉 2 保 四甲九户

1. 機户姓名 卯樹榮　　2. 現在開工或停工 停

3. 機頭若干：鐵機 壹 架　木機 架

4. 織機來源：自製　或由何處購買

5. 有無僱工？　人工資每人 元　計資方法

6. 原料：土紗或洋紗 洋紗　購買地點 渝

　　及方法

7. 三年內產量若干？　今年增減情形及原因

8. 銷售方法：銷場　佣金若干　稅捐若干

9. 有無整染設備？　整染方法

　　整染費用

10. 產品：類別，寬布 疋　窄布 疋

　　每月 白布 拾 疋　藍布 疋

附註：1. 八九兩項均以疋計算　2. 十項以月計算

調查者　　36 年 9 月 2 日

璧山县城东乡土布调查表　9-1-240（10）

中華平民教育促進會實驗部調查表之七（土布）

縣 城東　鄉 乙　保 四甲六户

1. 機户姓名 李仲克　2. 現在開工或停工 停

3. 機頭若干：鐵機 壹　架 木機　架

4. 織機来源：自製　或由何處購買

5. 有無僱工？　人工資每人　元 計資方法

6. 原料：土紗或洋紗 洋紗　購買地點 渝

及方法

7. 三年内產量若干？　今年增減情形及原因

8. 銷售方法：銷場　佣金若干　稅捐若干

9. 有無整染設備？　整染方法

整染費用

10. 產品：類別，寬布　疋 窄布　疋

胡白布 梧　疋 藍布　疋

附註：1. 八九兩項均以疋計算　2. 十項以月計算

調查者　36 年 9 月 2 日

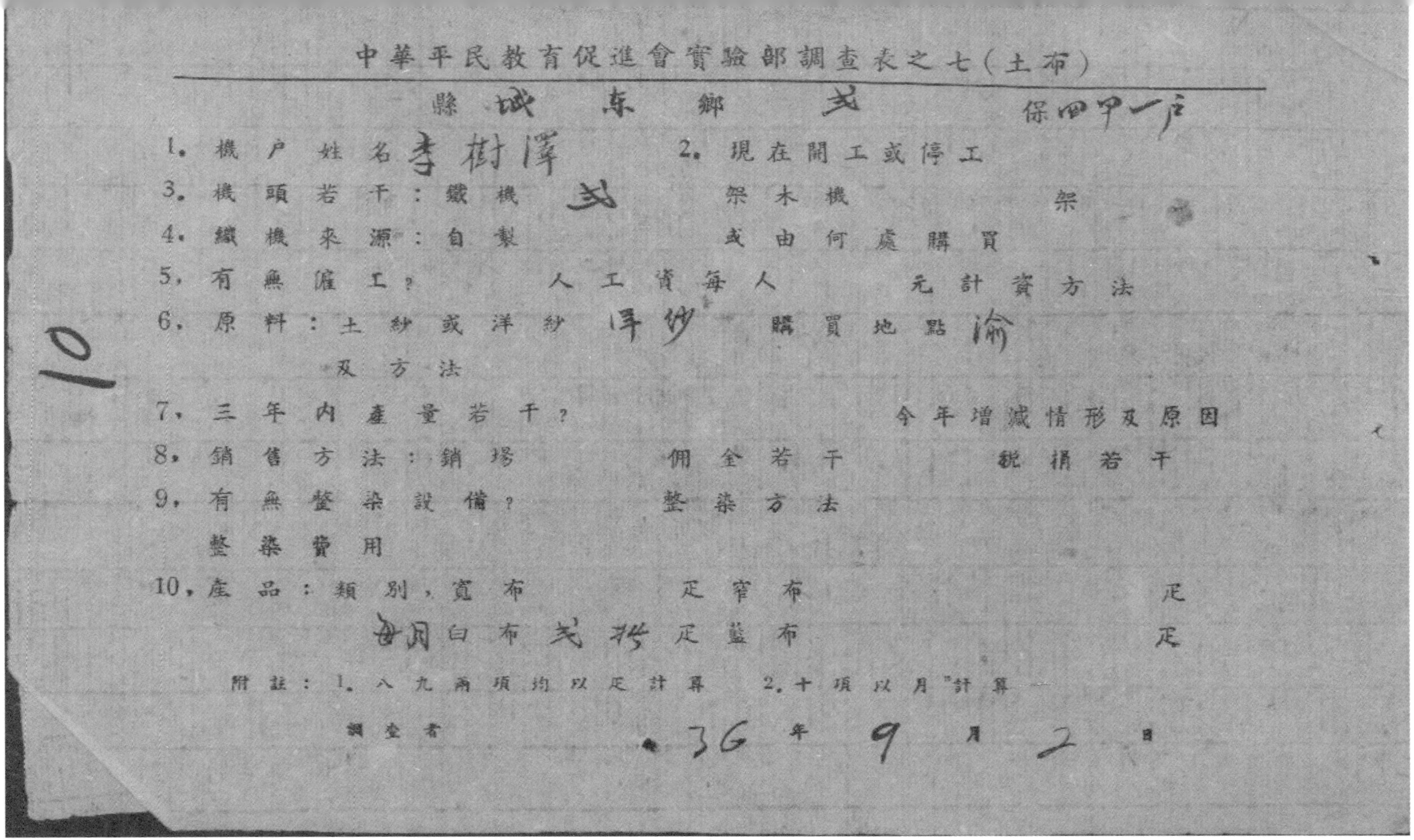

中華平民教育促進會實驗部調查表之七（土布）

縣 城东 鄉 弍 保 四甲 一户

1. 機戶姓名 李樹澤　　2. 現在開工或停工

3. 機頭若干：鐵機 弍 架 木機 架

4. 織機來源：自製　　或由何處購買

5. 有無僱工？　　人工資每人　　元 計資方法

6. 原料：土紗或洋紗 洋紗　　購買地點 渝

及方法

7. 三年內產量若干？　　今年增減情形及原因

8. 銷售方法：銷場　　佣金若干　　稅捐若干

9. 有無整染設備？　　整染方法

整染費用

10. 產品：類別，寬布　　疋 窄布　　疋

每月 白布 弍拾 疋 藍布　　疋

附註：1. 八九兩項均以疋計算　2. 十項以月"計算

調查者　　36 年 9 月 2 日

璧山县城东乡土布调查表　9-1-240（11）

璧山县城东乡土布调查表　9-1-240（12）

中華平民教育促進會實驗部調查表之七（土布）

縣 城东 鄉 弍 保 四甲三户

1. 機户姓名 張陳氏　2. 現在開工或停工

3. 機頭若干：鐵機 弍 架 木機 架

4. 織機來源：自製 或由何處購買

5. 有無僱工？ 人工資每人 元 計資方法

6. 原料：土紗或洋紗 洋沙 購買地點 [illegible]
及方法

7. 三年內產量若干？ 今年增減情形及原因

8. 銷售方法：銷場 佣金若干 稅捐若干

9. 有無整染設備？ 整染方法
整染費用

10. 產品：類別，寬布 疋 窄布 疋
每月 白布 弍拾 疋 藍布 疋

附註：1. 八九兩項均以疋計算　2. 十項以月計算

12

中華平民教育促進會實驗部調查表之七（土布）

縣 城东 鄉 弍 保四甲五戶

1. 機戶姓名 孙樹清　　2. 現在開工或停工

3. 機頭若干：鐵機 壹 架木機 架

4. 織機來源：自製 或由何處購買

5. 有無僱工？ 人工資每人 元計資方法

6. 原料：土紗或洋紗 洋纱 購買地點 渝 及方法

7. 三年內產量若干？ 今年增減情形及原因

8. 銷售方法：銷場 佣金若干 稅捐若干

9. 有無整染設備？ 整染方法 整染費用

10. 產品：類別，寬布 疋窄布 疋

每月 白布 拾 疋藍布 疋

附註：1. 八九兩項均以疋計算 2. 十項以月計算

調查者 36 年 9 月 2 日

璧山县城东乡土布调查表　9-1-240（14）

13

中華平民教育促進會實驗部調查表之七（土布）

縣　城東　鄉　2　保　四四十二户

1. 機户姓名　姚炳軒　　2. 現在開工或停工　停

3. 機頭若干：鐵機　弍　架　木機　架

4. 織機來源：自製　或由何處購買

5. 有無僱工？　人工資每人　元　計資方法

6. 原料：土紗或洋紗　洋紗　購買地點

及方法

7. 三年內產量若干？　今年增減情形及原因

8. 銷售方法：銷場　佣金若干　稅捐若干

9. 有無整染設備？　整染方法

整染費用

10. 產品：類別，寬布　疋　窄布　疋

每月　白布　弍拾　疋　藍布　疋

附註：1. 八九兩項均以疋計算　2. 十項以月計算

中華平民教育促進會實驗部調查表之七（土布）

縣 城東 鄉 2 保 四甲十三户

1. 機户姓名 張紫氏　　2. 現在開工或停工 停

3. 機頭若干：鐵機 壹 架 木機 架

4. 織機來源：自製 或由何處購買

5. 有無雇工？ 人工資每人 元 計資方法

6. 原料：土紗或洋紗 洋紗 購買地點 渝

及方法

7. 三年内產量若干？ 今年增減情形及原因

8. 銷售方法：銷場 佣金若干 稅捐若干

9. 有無整染設備？ 整染方法

整染費用

10. 產品：類別，寬布 疋 窄布 疋

白布 拾 疋 藍布 疋

附註：1. 八九兩項均以疋計算　2. 十項以月計算

調查者 36 年 9 月 2 日

壁山县城东乡土布调查表　9-1-240（15）

璧山县城东乡土布调查表　9-1-240（16）

中華平民教育促進會實驗部調查表之七（土布）

縣　城東　鄉　貳　保五甲一户

1. 機户姓名 張作樑　　2. 現在開工或停工 停

3. 機頭若干：鐵機 貳　　架木機　　架

4. 織機來源：自製　　或由何處購買

5. 有無僱工？　　人工資每人　　元計資方法

6. 原料：土紗或洋紗 洋紗　購買地點 渝

　　及方法

7. 三年內產量若干？　　今年增減情形及原因

8. 銷售方法：銷場　　佣金若干　　稅捐若干

9. 有無整染設備？　　整染方法

　　整染費用

10. 產品：類別，寬布　　疋窄布　　疋

　　每月織布 貳拾 疋藍布　　疋

附註：1. 八九兩項均以疋計算　2. 十項以月計算

調查者　　36年9月3日

中華平民教育促進會實驗部調查表之七（土布）

縣 城東 鄉 2 保 五甲弍户

1. 機户姓名 封為良　　2. 現在開工或停工 停

3. 機頭若干：鐵機 壹　　架木機　　架

4. 織機來源：自製　　或由何處購買

5. 有無僱工？　　人工資每人　　元計資方法

6. 原料：土紗或洋紗 洋紗　　購買地點 渝

　　及方法

7. 三年内產量若干？　　今年增減情形及原因

8. 銷售方法：銷場　　佣金若干　　稅捐若干

9. 有無整染設備？　　整染方法

　　整染費用

10. 產品：類別，寬布　　疋窄布　　疋

　　細白布 拾 疋藍布　　疋

附註：1. 八九兩項均以疋計算　2. 十項以月"計算

調查者　　36年9月2日

壁山县城东乡土布调查表　9-1-240（17）

璧山县城东乡土布调查表　9-1-240（18）

中華平民教育促進會實驗部調查表之七（土布）

縣 城東 鄉 乙 保 五甲叁户

1. 機户姓名 張芸寶　2. 現在開工或停工 停

3. 機頭若干：鐵機 一 架 木機 架

4. 織機來源：自製 或由何處購買

5. 有無僱工？ 人工資每人 元 計資方法

6. 原料：土紗或洋紗 洋紗 購買地點 瀘
及方法

7. 三年内產量若干？ 今年增減情形及原因

8. 銷售方法：銷場 佣金若干 税捐若干

9. 有無整染設備？ 整染方法
整染費用

10. 產品：類別，寬布 疋 窄布 疋
每月 白布 十拾 疋 藍布 疋

附註：1. 八九兩項均以疋計算　2. 十項以月計算

18

中華平民教育促進會實驗部調查表之七（土布）

縣 城東 鄉 2 保 五甲四户

1. 機户姓名 徐趙氏　　2. 現在開工或停工 停

3. 機頭若干：鐵機 壹 架 木機 架

4. 織機來源：自製 或由何處購買

5. 有無僱工？ 人工資每人 元 計資方法

6. 原料：土紗或洋紗 洋紗 購買地點 渝 及方法

7. 三年内產量若干？ 今年增減情形及原因

8. 銷售方法：銷場 佣金若干 税捐若干

9. 有無整染設備？ 整染方法 整染費用

10. 產品：類別，寬布 疋 窄布 疋
胡白布 拾 疋 藍布 疋

附註：1. 八九兩項均以疋計算　2. 十項以月計算

調查者　36 年 9 月 2 日

璧山县城东乡土布调查表　9-1-240（19）

璧山县城东乡土布调查表 9-1-240（20）

中華平民教育促進會實驗部調查表之七（土布）

縣 城東 鄉 乙 保 五甲七户

1. 機戶姓名 張建助 2. 現在開工或停工 停

3. 機頭若干：鐵機 壹 架 木機 架

4. 織機來源：自製 或由何處購買

5. 有無僱工？ 人工資每人 元 計資方法

6. 原料：土紗或洋紗 洋紗 購買地點 渝

及方法

7. 三年內產量若干？ 今年增減情形及原因

8. 銷售方法：銷場 佣金若干 稅捐若干

9. 有無整染設備？ 整染方法

整染費用

10. 產品：類別，寬布 疋 窄布 疋

每月 白布 拾 疋 藍布 疋

附註：1. 八九兩項均以疋計算 2. 十項以月計算

中華平民教育促進會實驗部調查表之七（土布）

縣 城東 鄉 2 保 3甲6户

1. 機户姓名 邱樹林　　2. 現在開工或停工 停

3. 機頭若干：鐵機 壹 架　木機 架

4. 織機來源：自製　或由何處購買

5. 有無僱工？　人工資每人　元計資方法

6. 原料：土紗或洋紗 洋紗 購買地點 渝

及方法

7. 三年内產量若干？　今年增減情形及原因

8. 銷售方法：銷場　佣金若干　稅捐若干

9. 有無整染設備？　整染方法

整染費用

10. 產品：類别，寬布　疋　窄布　疋

每月 白布 拾 疋　藍布　疋

附註：1. 八九兩項均以疋計算　2. 十項以月計算

調查者　36 年 9 月 2 日

璧山县城东乡土布调查表　9-1-240（21）

璧山县城东乡土布调查表 9-1-240（22）

21

中華平民教育促進會實驗部調查表之七（土布）

縣 城東 鄉 乙 保 五甲九户

1. 機户姓名 張有文　　2. 現在開工或停工 停
3. 機頭若干：鐵機 弍　　架木機　　架
4. 織機來源：自製　　或由何處購買
5. 有無僱工？　　人工資每人　　元計資方法
6. 原料：土紗或洋紗 洋紗　　購買地點 渝
　　及方法
7. 三年內產量若干？　　今年增減情形及原因
8. 銷售方法：銷場　　佣金若干　　稅捐若干
9. 有無整染設備？　　整染方法
　　整染費用
10. 產品：類別，寬布　　疋窄布　　疋
　　每月 白布 弍拾 疋藍布　　疋

附註：1. 八九兩項均以疋計算　2. 十項以月計算

22

中華平民教育促進會實驗部調查表之七（土布）

城東 縣 　 鄉 乙 保 五甲八户

1. 機户姓名 張雪丰　　2. 現在開工或停工 停

3. 機頭若干：鐵機 貳 架　木機 架

4. 織機來源：自製　或由何處購買

5. 有無僱工？　人工資每人　元　計資方法

6. 原料：土紗或洋紗 洋紗　購買地點 渝

及方法

7. 三年内產量若干？　今年增減情形及原因

8. 銷售方法：銷場　佣金若干　税捐若干

9. 有無整染設備？　整染方法

整染費用

10. 產品：類別，寬布　疋　窄布　疋

細白布 弍拾 疋　藍布　疋

附註：1. 八九兩項均以疋計算　2. 十項以月計算

調查者　　36 年 9 月 2 日

璧山县城东乡土布调查表 9-1-240（23）

璧山县城东乡土布调查表　9-1-240（24）

23

中華平民教育促進會實驗部調查表之七（土布）

縣 城東 鄉 二 保 [illegible]十一户

1. 機户姓名 張甫信　　2. 現在開工或停工 停
3. 機頭若干：鐵機 一　　架木機　　架
4. 織機来源：自製　　或由何處購買
5. 有無僱工？　　人工資每人　　元計資方法
6. 原料：土紗或洋紗 洋紗　　購買地點 渝
　　及方法
7. 三年内產量若干？　　今年增減情形及原因
8. 銷售方法：銷場　　佣金若干　　税捐若干
9. 有無整染設備？　　整染方法
　　整染費用
10. 產品：類別，寬布　　疋窄布　　疋
　　每月 白布 貳拾 疋藍布　　疋

附註：1. 八九兩項均以疋計算　2. 十項以月計算

24

中華平民教育促進會實驗部調查表之七（土布）

縣 城東 鄉 二 保 五四十户

1. 機戶姓名 陳曉輝 2. 現在開工或停工 停

3. 機頭若干：鐵機 弍 架 木機 架

4. 織機來源：自製 或由何處購買

5. 有無僱工？ 人工資每人 元 計資方法

6. 原料：土紗或洋紗 洋紗 購買地點 渝

及方法

7. 三年內產量若干？ 今年增減情形及原因

8. 銷售方法：銷場 佣金若干 稅捐若干

9. 有無整染設備？ 整染方法

整染費用

10. 產品：類別，寬布 疋 窄布 疋

每月 白布 弍拾 疋 藍布 疋

附註：1. 八九兩項均以疋計算 2. 十項以月計算

調查者 36 年 9 月 2 日

璧山县城东乡土布调查表 9-1-240（25）

璧山县城东乡土布调查表　9-1-240（26）

25

中華平民教育促進會實驗部調查表之七（土布）

縣　城東　鄉　2　保　六甲一户

1. 機户姓名　李根山　2. 現在開工或停工　停

3. 機頭若干：鐵機　壹　架木機　架

4. 織機來源：自製　或由何處購買

5. 有無僱工？　人工資每人　元計資方法

6. 原料：土紗或洋紗　洋紗　購買地點　渝
及方法

7. 三年内產量若干？　今年增減情形及原因

8. 銷售方法：銷場　佣金若干　稅捐若干

9. 有無整染設備？　整染方法
整染費用

10. 產品：類別，寬布　疋窄布　疋
朝　白布　拾　疋藍布　疋

附註：1. 八九兩項均以疋計算　2. 十項以月計算

調查者　　年　月　日

中華平民教育促進會實驗部調查表之七（土布）

縣 城東　　鄉 乙　　保 六甲戶

1. 機戶姓名 李維漢　　2. 現在開工或停工

3. 機頭若干：鐵機 壹　架木機　架

4. 織機來源：自製　或由何處購買

5. 有無僱工？　人工資每人　元計資方法

6. 原料：土紗或洋紗 洋紗 購買地點 渝
　　及方法

7. 三年內產量若干？　今年增減情形及原因

8. 銷售方法：銷場　佣金若干　稅捐若干

9. 有無整染設備？　整染方法
　　整染費用

10. 產品：類別，寬布　疋窄布　疋
　　每月 白布 拾 疋藍布　疋

附註：1. 八九兩項均以疋計算　2. 十項以月計算

調查者　36 年 9 月 2 日

璧山县城东乡土布调查表　9-1-240（27）

璧山县城东乡土布调查表 9-1-240（28）

27

中華平民教育促進會實驗部調查表之七（土布）

縣 城東 鄉 2 保 六甲六户

1. 機戶姓名 李永清　　2. 現在開工或停工 停

3. 機頭若干：鐵機 壹 架 木機 架

4. 織機來源：自製 或由何處購買

5. 有無僱工？ 人 工資每人 元 計資方法

6. 原料：土紗或洋紗 洋紗 購買地點 本街 及方法

7. 三年內產量若干？ 今年增減情形及原因

8. 銷售方法：銷場 佣金若干 稅捐若干

9. 有無整染設備？ 整染方法 整染費用

10. 產品：類別，寬布 疋 窄布 疋
每月 白布 拾 疋 藍布 疋

附註：1. 八九兩項均以疋計算　2. 十項以月計算

調查者 [illegible] 年 8 月 9 日

28

中華平民教育促進會實驗部調查表之七（土布）

縣 城東　　鄉 二　　保 六甲五户

1. 機戶姓名 李清福　　2. 現在開工或停工 停

3. 機頭若干：鐵機 壹 架　木機　架

4. 織機來源：自製　或由何處購買

5. 有無僱工？　人工資每人　元　計資方法

6. 原料：土紗或洋紗 洋紗　購買地點 城
及方法

7. 三年內產量若干？　今年增減情形及原因

8. 銷售方法：銷場　佣金若干　稅捐若干

9. 有無整染設備？　整染方法
整染費用

10. 產品：類別，寬布　疋　窄布　疋
每月 白布 拾 疋　藍布　疋

附註：1. 八九兩項均以疋計算　2. 十項以月計算

調查者　　36 年 9 月 2 日

璧山县城东乡土布调查表　9-1-240（30）

中華平民教育促進會實驗部調查表之七（土布）

縣 城东 鄉 贰 保 之甲十户

1. 機户姓名 張樹林　　2. 現在開工或停工

3. 機頭若干：鐵機 壹 架 木機 架

4. 織機來源：自製 或由何處購買

5. 有無僱工？ 人工資每人 元 計資方法

6. 原料：土紗或洋紗 洋紗 購買地點 [illegible]

及方法

7. 三年内產量若干？ 今年增減情形及原因

8. 銷售方法：銷場 佣金若干 税捐若干

9. 有無整染設備？ 整染方法

整染費用

10. 產品：類別，寬布 疋 窄布 疋

每月 白布 [illegible] 疋 藍布 疋

附註：1. 八九兩項均以疋計算　2. 十項以月計算

30

中華平民教育促進會實驗部調查表之七（土布）

縣 城东 鄉 式 保 [illegible]

1. 機戶姓名 吴慎思　　2. 現在開工或停工

3. 機頭若干：鐵機 壹　　架木機　　架

4. 織機來源：自製　　或由何處購買

5. 有無僱工？　　人工資每人　　元計資方法

6. 原料：土紗或洋紗 洋沙　　購買地點 [illegible]

及方法

7. 三年內產量若干？　　今年增減情形及原因

8. 銷售方法：銷場　　佣金若干　　稅捐若干

9. 有無整染設備？　　整染方法

整染費用

10. 產品：類別，寬布　　疋窄布　　疋

每月 白布 [illegible] 疋藍布　　疋

附註：1. 八九兩項均以疋計算　2. 十項以月"計算

調查者　　36 年 9 月 2 日

璧山县城东乡土布调查表　9-1-240（31）

璧山县城东乡土布调查表 9-1-240（32）

中華平民教育促進會實驗部調查表之七（土布）

縣 城東 鄉 貳 保 六甲十一户

1. 機户姓名 喻紹良　　2. 現在開工或停工
3. 機頭若干：鐵機 壹 架 木機 架
4. 織機來源：自製 或由何處購買
5. 有無僱工？ 人 工資每人 元 計資方法
6. 原料：土紗或洋紗 洋紗 購買地點 [illegible]
及方法
7. 三年內產量若干？ 今年增減情形及原因
8. 銷售方法：銷場 佣金若干 稅捐若干
9. 有無整染設備？ 整染方法
整染費用
10. 產品：類別，寬布 疋 窄布 疋
每月 白布 拾 疋 藍布 疋

附註：1. 八九兩項均以疋計算 2. 十項以月計算

中華平民教育促進會實驗部調查表之七（土布）

縣 城東 鄉 2 保 [illegible]

1. 機戶姓名 陳[illegible] 2. 現在開工或停工

3. 機頭若干：鐵機 [illegible] 架 木機 架

4. 織機來源：自製 或由何處購買

5. 有無雇工？ 人 工資每人 元 計資方法

6. 原料：土紗或洋紗 洋紗 購買地點 [illegible]

及方法

7. 三年內產量若干？ 今年增減情形及原因

8. 銷售方法：銷場 佣金若干 稅捐若干

9. 有無整染設備？ 整染方法

整染費用

10. 產品：類別，寬布 疋 窄布 疋

每月 白布 [illegible] 疋 藍布 疋

附註：1. 八九兩項均以疋計算 2. 十項以月計算

調查者 36 年 9 月 2 日

璧山县城东乡土布调查表 9-1-240（33）

璧山县城东乡土布调查表　9-1-240（34）

中華平民教育促進會實驗部調查表之七（土布）

縣　城東　鄉　2　保　七甲三戶

1. 機户姓名　李吉林　　2. 現在開工或停工

3. 機頭若干：鐵機　弍　架木機　架

4. 織機來源：自製　或由何處購買

5. 有無雇工？　人工　每人　元計資方法

6. 原料：土紗或洋紗　洋紗　購買地點　　及方法

7. 三年內產量若干？　今年增減情形及原因

8. 銷售方法：銷場　佣金若干　稅捐若干

9. 有無整染設備？　整染方法

整染費用

10. 產品：類別，寬布　疋窄布　疋

色白布　弍拾　疋藍布　疋

附註：1. 八九兩項均以疋計算　2. 十項以月計算

24

中華平民教育促進會實驗部調查表之七（土布）

縣 城東 鄉 [illegible] 保 七甲[illegible]户

1. 機户姓名 李倫軒　　2. 現在開工或停工

3. 機頭若干：鐵機 壹 架 木機 架

4. 織機來源：自製 或由何處購買

5. 有無僱工？ 人工資每人 元 計資方法

6. 原料：土紗或洋紗 洋紗 購買地點 [illegible]

及方法

7. 三年内產量若干？ 今年增減情形及原因

8. 銷售方法：銷場 佣金若干 税捐若干

9. 有無整染設備？ 整染方法

整染費用

10. 產品：類别，寬布 疋 窄布 疋

每月 白布 拾 疋 藍布 疋

附註：1. 八九兩項均以疋計算　2. 十項以月計算

調查者　　36 年 9 月 2 日

璧山县城东乡土布调查表 9-1-240（35）

璧山县城东乡土布调查表 9-1-240（36）

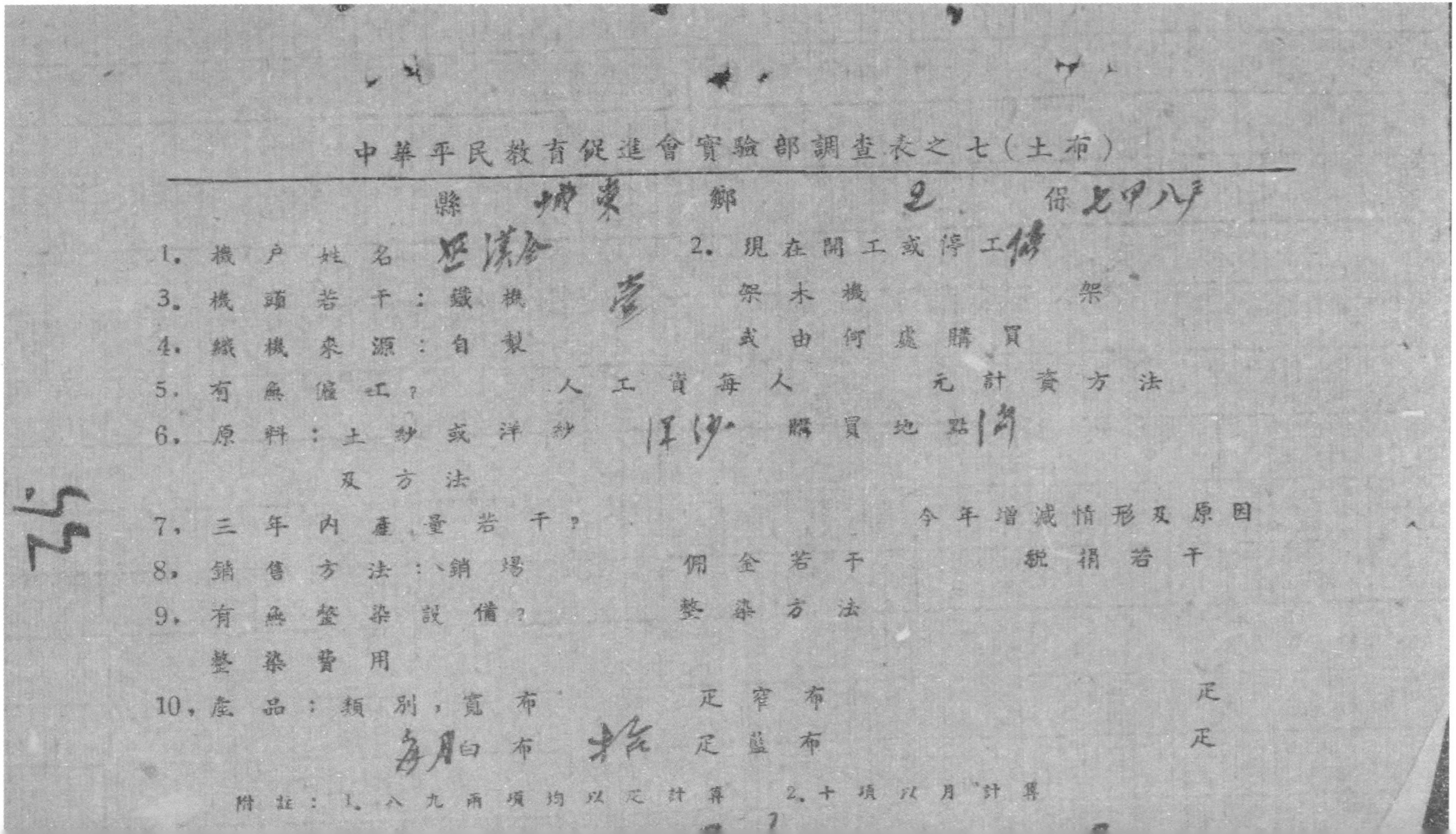

中華平民教育促進會實驗部調查表之七（土布）

縣 城東 鄉 2 保 七甲八户

1. 機户姓名 熊漢全 2. 現在開工或停工 停

3. 機頭若干：鐵機 壹 架 木機 架

4. 織機來源：自製 或由何處購買

5. 有無僱工？ 人工資每人 元 計資方法

6. 原料：土紗或洋紗 洋紗 購買地點 城內

及方法

7. 三年內產量若干？ 今年增減情形及原因

8. 銷售方法：銷場 佣金若干 稅捐若干

9. 有無整染設備？ 整染方法

整染費用

10. 產品：類別，寬布 疋 窄布 疋

每月白布 十疋 藍布 疋

附註：1. 八九兩項均以疋計算 2. 十項以月計算

36

中華平民教育促進會實驗部調查表之七（土布）

縣 城東 鄉 2 保 七甲九户

1. 織户姓名 李和胜　　2. 現在開工或停工 停

3. 機頭若干：鐵機 貳 架 木機 架

4. 織機來源：自製 或由何處購買

5. 有無僱工？ 人工資每人 元 計資方法

6. 原料：土紗或洋紗 洋紗 購買地點 渝

   及方法

7. 三年内產量若干？ 今年增減情形及原因

8. 銷售方法：銷場 佣金若干 稅捐若干

9. 有無整染設備？ 整染方法

   整染費用

10. 產品：類別，寬布 疋 窄布 疋

   每月 白布 [illegible] 疋 藍布 疋

附註：1. 八九兩項均以疋計算　2. 十項以月計算

調查者　　36年 9月 2日

壁山县城东乡土布调查表　9-1-240（37）

璧山县城东乡土布调查表　9-1-240（38）

37

中華平民教育促進會實驗部調查表之七（土布）

縣　城東　鄉　2　保　七甲9户

1. 機户姓名　李剃林　　2. 現在開工或停工　停

3. 機頭若干：鐵機　壹　架　木機　架

4. 織機來源：自製　或由何處購買

5. 有無傭工？　人工資每人　元　計資方法

6. 原料：土紗或洋紗　洋紗　購買地點　済

　　及方法

7. 三年内產量若干？　今年增減情形及原因

8. 銷售方法：銷場　佣金若干　稅捐若干

9. 有無整染設備？　整染方法

　　整染費用

10. 產品：類別，寬布　疋　窄布　疋

　　銷　白布　指　疋　藍布　疋

附註：1. 八九兩項均以疋計算　2. 十項以月計算

調查者　　71年　9月　8日

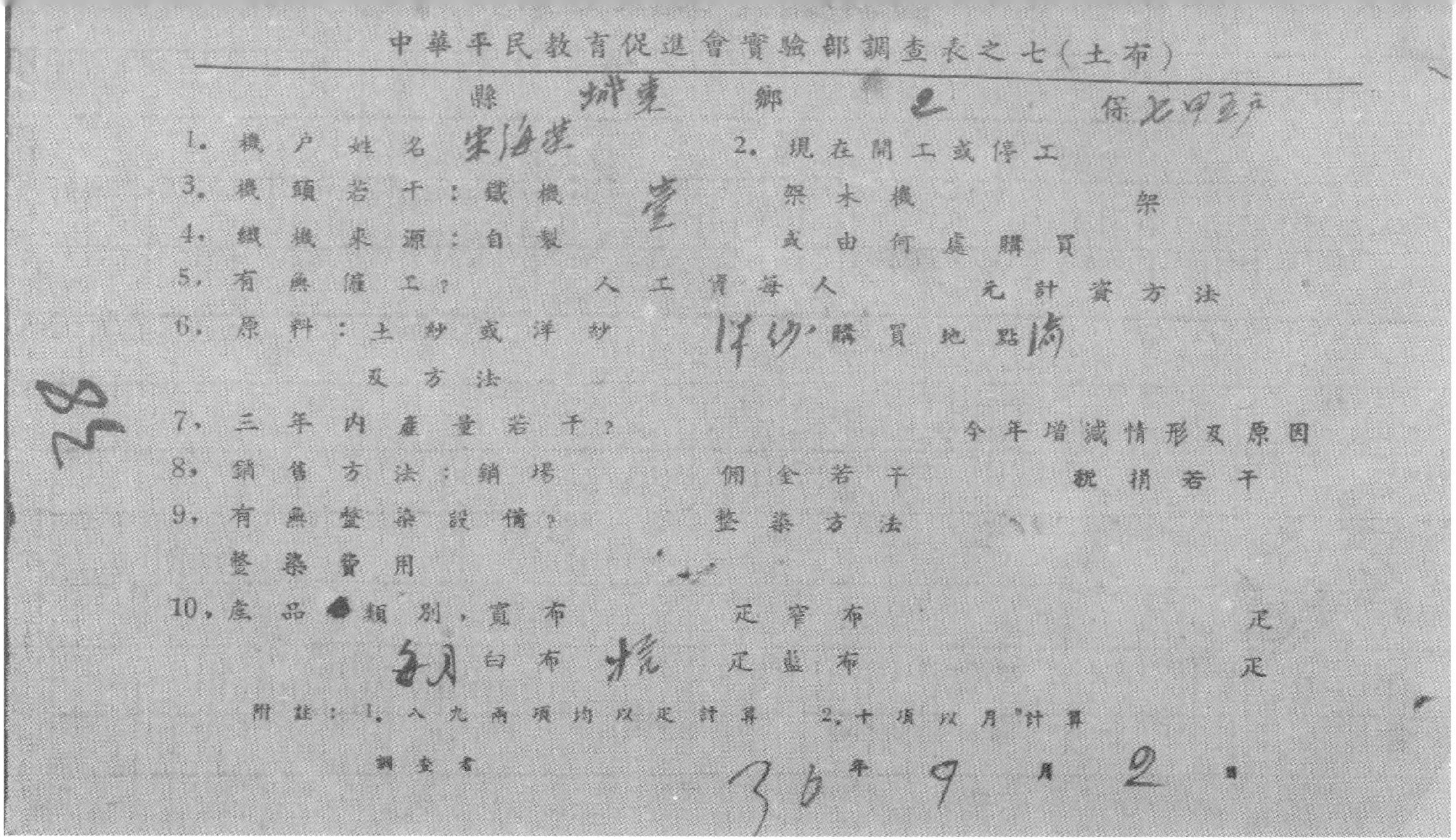

中華平民教育促進會實驗部調查表之七（土布）

縣 城東 鄉 2 保七甲五户

1. 機户姓名 宋海棠　2. 現在開工或停工

3. 機頭若干：鐵機 壹 架 木機 架

4. 織機來源：自製 或由何處購買

5. 有無僱工？ 人工資每人 元 計資方法

6. 原料：土紗或洋紗 洋紗 購買地點 本 及方法

7. 三年內產量若干？ 今年增減情形及原因

8. 銷售方法：銷場 佣金若干 稅捐若干

9. 有無整染設備？ 整染方法 整染費用

10. 產品類別，寬布 疋 窄布 疋

銅 白布 梲 疋 藍布 疋

附註：1. 八九兩項均以疋計算　2. 十項以月計算

調查者　36 年 9 月 2 日

璧山县城东乡土布调查表　9-1-240（39）

璧山县城东乡土布调查表　9-1-240（40）

中華平民教育促進會實驗部調查表之七（土布）

城東縣　[illegible]鄉　七甲六户保

1. 機户姓名 楊明德　　2. 現在開工或停工
3. 機頭若干：鐵機 貳 架 木機 架
4. 織機來源：自製 或由何處購買
5. 有無僱工？ 人工資每人 元 計資方法
6. 原料：土紗或洋紗 洋紗 購買地點 滿
及方法
7. 三年内產量若干？ 今年增減情形及原因
8. 銷售方法：銷場 佣金若干 稅捐若干
9. 有無整染設備？ 整染方法
整染費用
10. 產品：類别，寬布 疋 窄布 疋
多月 白布 貳拾 疋 藍布 疋

附註：1. 八九兩項均以疋計算　2. 十項以月計算

璧山县城东乡土布调查表　9-1-240（41）

40

中華平民教育促進會實驗部調查表之七（土布）

縣　城東　鄉　2　保　七甲十四户

1. 機戶姓名　董炳荣　　2. 現在開工或停工　停

3. 機頭若干：鐵機　壹　架　木機　架

4. 織機來源：自製　或由何處購買

5. 有無僱工？　人工資每人　元　計資方法

6. 原料：土紗或洋紗　洋紗　購買地點　滿

　　及方法

7. 三年內產量若干？　今年增減情形及原因

8. 銷售方法：銷場　佣金若干　稅捐若干

9. 有無整染設備？　整染方法

　　整染費用

10. 產品：類別，寬布　疋　窄布　疋

　　每月　白布　拾　疋　藍布　疋

附註：1. 八九兩項均以疋計算　2. 十項以月計算

調查者　36 年 9 月 2 日

璧山县城东乡土布调查表　9-1-240（42）

中華平民教育促進會實驗部調查表之七（土布）

縣　城東　鄉　2　保　七甲十戶

1. 機戶姓名　李倫勿　　2. 現在開工或停工　停

3. 機頭若干：鐵機　壹　架木機　架

4. 織機來源：自製　或由何處購買

5，有無僱工？　人工資每人　元計資方法

6，原料：土紗或洋紗　洋紗　購買地點　渝
及方法

7，三年內產量若干？　今年增減情形及原因

8，銷售方法：銷場　佣金若干　稅捐若干

9，有無整染設備？　整染方法
整染費用

10，產品：類別，寬布　疋窄布　疋
每月　白布　拾　疋藍布　疋

附註：1. 八九兩項均以疋計算　2. 十項以月計算

中華平民教育促進會實驗部調查表之七（土布）

縣 城東 鄉 乙 保 七甲三户

1. 機户姓名 郭子清　　2. 現在開工或停工 停

3. 機頭若干：鐵機 壹　架　木機　架

4. 織機來源：自製　或由何處購買

5. 有無僱工？　人工資每人　元　計資方法

6. 原料：土紗或洋紗 洋紗　購買地點 渝
　　及方法

7. 三年內產量若干？　今年增減情形及原因

8. 銷售方法：銷場　佣金若干　稅捐若干

9. 有無整染設備？　整染方法
　　整染費用

10. 產品：類別，寬布　疋　窄布　疋
　　斜 白布 搽 疋　藍布　疋

附註：1. 八九兩項均以疋計算　2. 十項以月計算

調查者　　36 年 9 月 2 日

璧山县城东乡土布调查表　9-1-240（44）

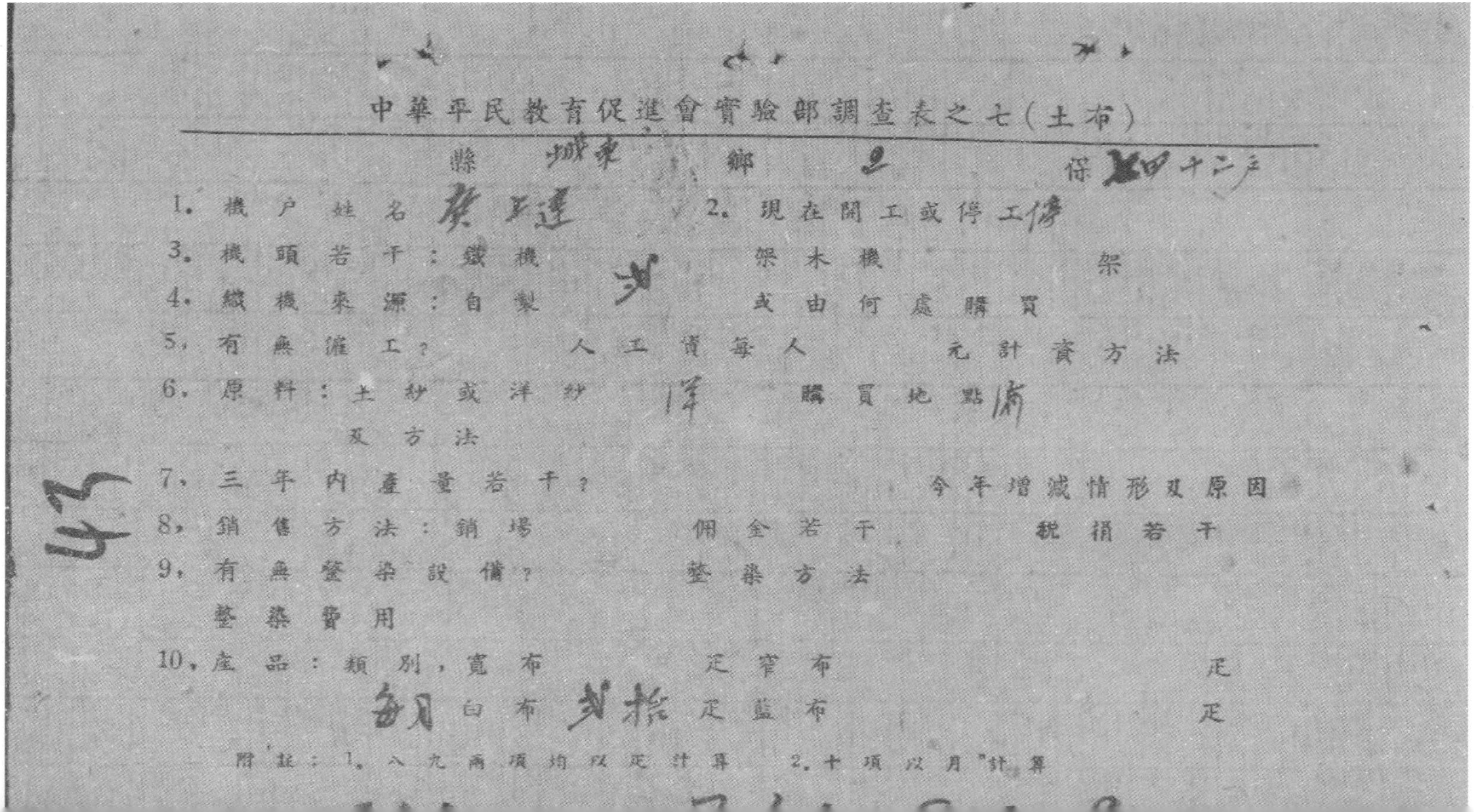

43

中華平民教育促進會實驗部調查表之七（土布）

縣　城東　鄉　9　保　十二戶

1. 機户姓名　黄□逵　2. 現在開工或停工　停

3. 機頭若干：鐵機　1　架　木機　架

4. 織機來源：自製　或由何處購買

5. 有無僱工？　人工資每人　元　計資方法

6. 原料：土紗或洋紗　洋　購買地點　本
及方法

7. 三年內產量若干？　今年增減情形及原因

8. 銷售方法：銷場　佣金若干　稅捐若干

9. 有無整染設備？　整染方法
整染費用

10. 產品：類別，寬布　疋　窄布　疋
白布　疋　藍布　疋

附註：1. 八九兩項均以疋計算　2. 十項以月計算

44

中華平民教育促進會實驗部調查表之七（土布）

縣 城東 鄉 保 八甲一户

1. 機户姓名 陳□信　　2. 現在開工或停工 停

3. 機頭若干：鐵機　架　木機　架

4. 織機來源：自製　或由何處購買

5. 有無僱工？　人工資每人　元　計資方法

6. 原料：土紗或洋紗 洋紗　購買地點 渝

　　及方法

7. 三年内產量若干？　今年增減情形及原因

8. 銷售方法：銷場　佣金若干　稅捐若干

9. 有無整染設備？　整染方法

　　整染費用

10. 產品：類別，寬布　疋　窄布　疋

　　白布　疋　藍布　疋

附註：1. 八九兩項均以疋計算　2. 十項以月計算

調查者　36年9月2日

璧山县城东乡土布调查表　9-1-240（45）

璧山县城东乡土布调查表　9-1-240（46）

45

中華平民教育促進會實驗部調查表之七（土布）

城東 縣　鄉　保

1. 機戶姓名 陳　2. 現在開工或停工 停

3. 機頭若干：鐵機　架木機　架

4. 織機來源：自製　或由何處購買

5. 有無僱工？　人工資每人　元計資方法

6. 原料：土紗或洋紗　購買地點

及方法

7. 三年內產量若干？　今年增減情形及原因

8. 銷售方法：銷場、　佣金若干　稅捐若干

9. 有無整染設備？　整染方法

整染費用

10. 產品：類別，寬布　疋窄布　疋

白布　疋藍布　疋

附註：1. 八九兩項均以疋計算　2. 十項以月計算

46

縣 城東 鄉 2 保 八甲十五户

1. 機户姓名 鍾樹陸　　2. 現在開工或停工 停

3. 機頭若干：鐵機 壹 架　木機 架

4. 織機來源：自製　或由何處購買

5. 有無僱工？　人工資每人 元　計資方法

6. 原料：土紗或洋紗 洋紗　購買地點 渝

及方法

7. 三年內產量若干？　今年增減情形及原因

8. 銷售方法：銷場　佣金若干　稅捐若干

9. 有無整染設備？　整染方法

整染費用

10. 產品：類別，寬布 疋　窄布 疋

細 白布 拾 疋　藍布 疋

附註：1. 八九兩項均以疋計算　2. 十項以月計算

調查者　36 年 9 月 2 日

壁山县城东乡土布调查表　9-1-240（47）

璧山县城东乡土布调查表 9-1-240（48）

47

中華平民教育促進會實驗部調查表之七（土布）

縣 城东 鄉 弍 保 八甲六户

1. 機户姓名 茨德奎 2. 現在開工或停工 停
3. 機頭若干：鐵機 架 木機 架
4. 織機來源：自製 或由何處購買
5，有無僱工？ 人工資每人 元 計資方法
6，原料：土紗或洋紗 洋沙 購買地點 [illegible]
又方法
7，三年內產量若干？ 今年增減情形及原因
8，銷售方法：銷場 佣金若干 稅捐若干
9，有無整染設備？ 整染方法
整染費用
10，產品：類別，寬布 疋 窄布 疋
每月 白布 拾 疋 藍布 疋

附註：1. 八九兩項均以疋計算 2. 十項以月計算

調查者

中華平民教育促進會實驗部調查表之七（土布）

縣 城东 鄉 贰 保 八甲五户

1. 機户姓名 楊炳鈞　　2. 現在開工或停工 停

3. 機頭若干：鐵機 壹　　架木機 ——— 架

4. 織機來源：自製　　或由何處購買

5. 有無僱工？　　人工資每人　　元 計資方法

6. 原料：土紗或洋紗 洋紗　　購買地點 [illegible]

及方法

7. 三年內產量若干？　　今年增減情形及原因

8. 銷售方法：銷場　　佣金若干　　稅捐若干

9. 有無整染設備？　　整染方法

整染費用

10. 產品：類別，寬布　　疋 窄布　　疋

每月 白布 拾 疋 藍布　　疋

附註：1. 八九兩項均以疋計算　2. 十項以月計算

調查者　　36年 9 月 2 日

壁山县城东乡土布调查表　9-1-240（49）

璧山县城东乡土布调查表 9-1-240（50）

49

中華平民教育促進會實驗部調查表之七（土布）

縣 城東 鄉 弍 保 八甲拾壹户

1. 機户姓名 曾建輝 2. 現在開工或停工
3. 機頭若干：鐵機 壹 架 木機 架
4. 鐵機來源：自製 或由何處購買
5. 有無僱工？ 人工資每人 元 計資方法
6. 原料：土紗或洋紗 洋紗 購買地點 渝
 及方法
7. 三年內產量若干？ 今年增減情形及原因
8. 銷售方法：銷場 佣金若干 稅捐若干
9. 有無整染設備？ 整染方法
 整染費用
10. 產品：類別，寬布 疋 窄布 疋
 白布 每月 拾 疋 藍布 疋

附註：1. 八九兩項均以疋計算 2. 十項以月計算

50

中華平民教育促進會實驗部調查表之七（土布）

縣 城東 鄉 弍 保 八甲八户

1. 機户姓名 嚴朝明　　2. 現在開工或停工

3. 機頭若干：鐵機 壹 架木機 架

4. 織機來源：自製 或由何處購買

5. 有無僱工？ 人工資每人 元計資方法

6. 原料：土紗或洋紗 洋紗 購買地點 渝
　　及方法

7. 三年內產量若干？ 今年增減情形及原因

8. 銷售方法：銷場 佣金若干 稅捐若干

9. 有無整染設備？ 整染方法
　　整染費用

10. 產品：類別，寬布 疋窄布 疋
　　[illegible] 白布 拾 疋藍布 疋

附註：1. 八九兩項均以疋計算　2. 十項以月計算

調查者　　36 年 4 月 2 日

璧山县城东乡土布调查表　9-1-240（52）

51

中華平民教育促進會實驗部調查表之七（土布）

縣 城東 鄉 弍 保 八 甲 拾 戶

1. 機戶姓名 嚴荣山　　2. 現在開工或停工

3. 機頭若干：鐵機 壹 架木機 架

4. 織機來源：自製　或由何處購買

5. 有無雇工？　人工資每人　元計資方法

6. 原料：土紗或洋紗 洋纱　購買地點 渝

　及方法

7. 三年內產量若干？　今年增減情形及原因

8. 銷售方法：銷場　佣金若干　稅捐若干

9. 有無整染設備？　整染方法

　整染費用

10. 產品：類別，寬布　疋窄布　疋

　胡 白布 拾 疋藍布　疋

附註：1. 八九兩項均以疋計算　2. 十項以月計算

52

中華平民教育促進會實驗部調查表之七（土布）

縣 城東 鄉 贰 保 九甲拾壹户

1. 機户姓名 徐華榮　　2. 現在開工或停工 停

3. 機頭若干：鐵機 贰 架 木機 架

4. 織機來源：自製 或由何處購買

5. 有無僱工？ 人 工資每人 元 計資方法

6. 原料：土紗或洋紗 洋紗 購買地點 渝

及方法

7. 三年内產量若干？ 今年增減情形及原因

8. 銷售方法：銷場 佣金若干 稅捐若干

9. 有無整染設備？ 整染方法

整染費用

10. 產品：類別，寬布 疋 窄布 疋

每月 白布 贰拾 疋 藍布 疋

附註：1. 八九兩項均以疋計算　2. 十項以月計算

調查者 36 年 9 月 2 日

璧山县城东乡土布调查表　9-1-240（53）

璧山县城东乡土布调查表　9-1-240（54）

53

中華平民教育促進會實驗部調查表之七（土布）

城東 縣　弍 鄉　保 九甲拾户

1. 機户姓名 嚴吉榮　2. 現在開工或停工 停

3. 機頭若干：鐵機 壹 架 木機 架

4. 織機來源：自製 或由何處購買

5. 有無僱工？ 人 工資每人 元 計資方法

6. 原料：土紗或洋紗 洋紗 購買地點 渝

及方法

7. 三年内產量若干？ 今年增減情形及原因

8. 銷售方法：銷場 佣金若干 稅捐若干

9. 有無整染設備？ 整染方法

整染費用

10. 產品：類别，寬布 疋 窄布 疋

捌 白布 拾 疋 藍布 疋

附註：1. 八九兩項均以疋計算　2. 十項以月計算

中華平民教育促進會實驗部調查表之七（土布）

縣 城東 鄉 弍 保 九甲五户

1. 機户姓名 喻海清　　2. 現在開工或停工 停

3. 機頭若干：鐵機 壹 架 木機 架

4. 織機來源：自製 或由何處購買

5. 有無雇工？ 人工資每人 元 計資方法

6. 原料：土紗或洋紗 洋紗 購買地點 渝

及方法

7. 三年内產量若干？ 今年增減情形及原因

8. 銷售方法：銷場 佣金若干 稅捐若干

9. 有無整染設備？ 整染方法

整染費用

10. 產品：類别，寬布 疋 窄布 疋

胡 白布 拾 疋 藍布 疋

附註：1. 八九兩項均以疋計算 2. 十項以月計算

調查者 36 年 9 月 2 日

57

璧山县城东乡土布调查表　9-1-240（56）

中華平民教育促進會實驗部調查表之七（土布）

縣 城東 鄉 式 保 九甲六户

1. 機戶姓名 嚴樹榮　2. 現在開工或停工 停

3. 機頭若干：鐵機 壹 架 木機 架

4. 織機來源：自製　或由何處購買

5. 有無僱工？　人工資每人 元 計資方法

6. 原料：土紗或洋紗 洋紗　購買地點 渝
及方法

7. 三年內產量若干？　今年增減情形及原因

8. 銷售方法：銷場　佣金若干　税捐若干

9. 有無整染設備？　整染方法
整染費用

10. 產品：類別，寬布 疋 窄布 疋
翻 白布 拾 疋 藍布 疋

附註：1. 八九兩項均以疋計算　2. 十項以月計算

中華平民教育促進會實驗部調查表之七（土布）

縣 城東 鄉 貳 保 九甲八户

1. 機戶姓名 嚴益山　　2. 現在開工或停工 停

3. 機頭若干：鐵機 壹　　架木機　　架

4. 織機來源：自製　　或由何處購買

5. 有無僱工？　　人工資每人　　元計資方法

6. 原料：土紗或洋紗 洋紗　　購買地點 渝

及方法

7. 三年內產量若干？　　今年增減情形及原因

8. 銷售方法：銷場　　佣金若干　　稅捐若干

9. 有無整染設備？　　整染方法

整染費用

10. 產品：類別，寬布　　疋窄布　　疋

細白布 拾 疋藍布　　疋

附註：1. 八九兩項均以疋計算　2. 十項以月計算

調查者　　36 年 9 月 2 日

56

璧山县城东乡土布调查表　9-1-240（57）

璧山县城东乡土布调查表 9-1-240（58）

中華平民教育促進會實驗部調查表之七（土布）

城東縣 貳鄉 拾甲拾貳户保

1. 機户姓名 陳柏清　　2. 現在開工或停工
3. 機頭若干：鐵機 壹　架木機　架
4. 織機來源：自製　或由何處購買
5. 有無僱工？　人工資每人　元計資方法
6. 原料：土紗或洋紗 洋紗　購買地點 渝
及方法
7. 三年內產量若干？　今年增減情形及原因
8. 銷售方法：銷場　佣金若干　稅捐若干
9. 有無整染設備？　整染方法
整染費用
10. 產品：類别，寬布　疋窄布　疋
白布 拾 疋藍布　疋
湖

附註：1. 八九兩項均以疋計算　2. 十項以月"計算

中華平民教育促進會實驗部調查表之七（土布）

縣 城東 鄉 弍 保 拾甲壹戶

58

1. 機戶姓名 戈澄章　　2. 現在開工或停工

3. 機頭若干：鐵機 壹 架 木機 架

4. 織機來源：自製 或由何處購買

5. 有無僱工？ 人 工資每人 元 計資方法

6. 原料：土紗或洋紗 洋紗 購買地點 渝

及方法

7. 三年內產量若干？ 今年增減情形及原因

8. 銷售方法：銷場 佣金若干 稅捐若干

9. 有無整染設備？ 整染方法

整染費用

10. 產品：類別，寬布 疋 窄布 疋

每月 白布 拾 疋 藍布 疋

附註：1. 八九兩項均以疋計算　2. 十項以月"計算

調查者　　36 年 4 月 2 日

璧山县城东乡土布调查表　9-1-240（59）

璧山县城东乡土布调查表 9-1-240（60）

59

中華平民教育促進會實驗部調查表之七（土布）

縣 城東 鄉 乙 保 十四甲

1. 機户姓名 胡符氏　　2. 現在開工或停工 停

3. 機頭若干：鐵機 壹　架木機　架

4. 織機來源：自製　或由何處購買

5. 有無僱工？　人工資每人　元計資方法

6. 原料：土紗或洋紗 洋紗　購買地點 渝

及方法

7. 三年内產量若干？　今年增減情形及原因

8. 銷售方法：銷場　佣金若干　稅捐若干

9. 有無整染設備？　整染方法

整染費用

10. 產品：類別，寬布　疋窄布　疋

每月白布 拾 疋藍布　疋

附註：1. 八九兩項均以疋計算　2. 十項以月計算

中華平民教育促進會實驗部調查表之七（土布）

縣 城東 鄉 弍 保 七甲七戶

1. 機戶姓名 李倫海　　2. 現在開工或停工

3. 機頭若干：鐵機 壹 架 木機 架

4. 織機來源：自製　　或由何處購買 渝

5. 有無僱工？　　人工資每人　　元 計資方法

6. 原料：土紗或洋紗 洋紗　　購買地點

　及方法

7. 三年內產量若干？　　今年增減情形及原因

8. 銷售方法：銷場　　佣金若干　　稅捐若干

9. 有無整染設備？　　整染方法

　整染費用

10. 產品：類別，寬布　　疋 窄布　　疋

　白布 拾 疋 藍布　　疋

附註：1. 八九兩項均以疋計算　2. 十項以月計算

調查者　　36 年 9 月 3 日

璧山县城东乡土布调查表　9-1-240（61）

璧山县城东乡土布调查表　9-1-240（62）

中華平民教育促進會實驗部調查表之七（土布）

縣 城東 鄉 弍 保 曾甲六户

1. 機戶姓名 曾進財　2. 現在開工或停工 停
3. 機頭若干：鐵機 壹 架 木機 架
4. 織機來源：自製 或由何處購買
5. 有無僱工？ 人工資每人 元 計資方法
6. 原料：土紗或洋紗 洋紗 購買地點 渝
及方法
7. 三年內產量若干 今年增減情形及原因
8. 銷售方法：銷場 佣金若干 稅捐若干
9. 有無整染設備？ 整染方法
整染費用
10. 產品：類別，寬布 疋 窄布 疋
捌 白布 拾 疋 藍布 疋

附註：1. 八九兩項均以疋計算　2. 十項以月計算

調查者 ［illegible］ 年 11 月 ［illegible］ 日

中華平民教育促進會實驗部調查表之七（土布）

縣 城東 鄉 贰 保 壹甲壹户

62

1. 機户姓名 羅仁階　2. 現在開工或停工 停

3. 機頭若干：戳機 壹 架木機 架

4. 織機來源：自製 或由何處購買

5. 有無僱工？ 人工資每人 元計資方法

6. 原料：土紗或洋紗 洋紗 購買地點

及方法

7. 三年內產量若干？ 今年增減情形及原因

8. 銷售方法：銷場 佣金若干 稅捐若干

9. 有無整染設備？ 整染方法

整染費用

10. 產品：類別，寬布 疋窄布 疋

捌 白布 拾 疋藍布 疋

附註：1. 八九兩項均以疋計算 2. 十項以月計算

調查者 36 年 4 月 2 日

璧山县城东乡土布调查表　9-1-240（63）

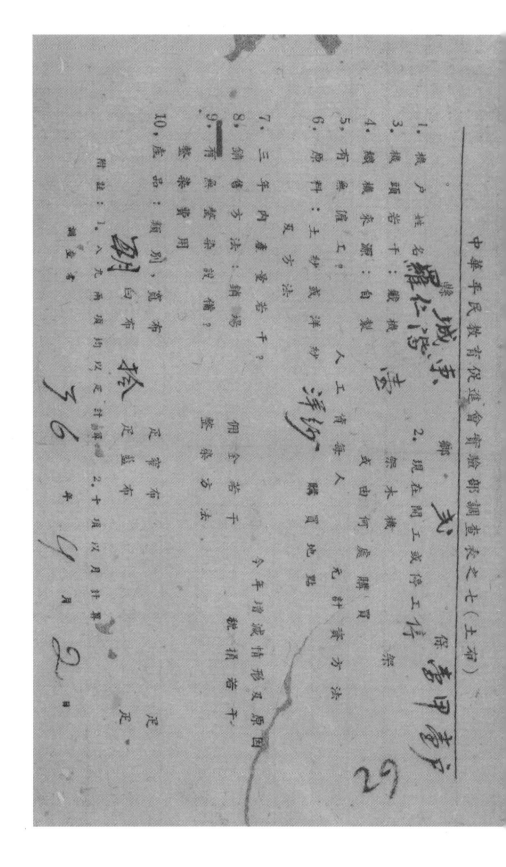

璧山县城东乡土布调查表　9-1-240（191）

中華平民教育促進會實驗部調查表之七（土布）

縣 城東　鄉 三　保 壹甲五户

1. 機户姓名 張國祥　2. 現在開工或停工
3. 機頭若干：鐵機 壹　架木機　架
4. 織機來源：自製　或由何處購買
5. 有無僱工？　人工資每人　元計資方法
6. 原料：土紗或洋紗 洋紗　購買地點 渝
　及方法
7. 三年內產量若干？　今年增減情形及原因
8. 銷售方法：銷場　佣金若干　稅捐若干
9. 有無整染設備？　整染方法
　整染費用
10. 產品：類別，寬布　疋窄布　疋
　胡 白布 拾 疋藍布　疋

附註：1. 八九兩項均以疋計算　2. 十項以月計算

中華平民教育促進會實驗部調查表之七（土布）

璧山 縣 城東 鄉 1 保

1. 機戶姓名 徐竹君　　2. 現在開工或停工 開

3. 機頭若干：鐵機 弍　　架木機　　架

4. 織機來源：自製　　或由何處購買

5. 有無僱工？ 3 人工資每人　　元計資方法

6. 原料：土紗或洋紗 洋紗　　購買地點

及方法

7. 三年內產量若干？ 1152　　今年增減情形及原因

8. 銷售方法：銷場　　佣金若干　　稅捐若干

9. 有無整染設備？　　整染方法

整染費用

10. 產品：類別，寬布　　疋窄布　　疋

白布 16 疋藍布　　疋

附註：1. 八九兩項均以疋計算　2. 十項以月計算

調查者　　36 年 9 月 1 日

100

璧山县城东乡土布调查表　9-1-240（118）

璧山县城东乡土布调查表　9-1-240（119）

中華平民教育促進會實驗部調查表之七（土布）

縣　　　鄉　　　保

1. 機戶姓名　　　　2. 現在開工或停工

3. 機頭若干：鐵機　　架木機　　架

4. 織機來源：自製　　或由何處購買

5, 有無僱工？　人工資每人　　元計資方法

6, 原料：土紗或洋紗　　購買地點

及方法

7, 三年内產量若干？　　今年增減情形及原因

8, 銷[illegible]方法：銷場　　佣金若干　　稅捐若干

9, 有無整染設備？　整染方法

整染費用

10, 產品：類別，寬布　　疋窄布　　疋

白布　　疋藍布　　疋

附註：1. 八九兩項均以疋計算　2. 十項以月"計"算

調查者

102

中華平民教育促進會實驗部調查表之七（土布）

璧山縣　東　鄉　1　保

1. 機戶姓名　張世熙　　2. 現在開工或停工　停

3. 機頭若干：鐵機　貳　架木機　架

4. 織機來源：自製　或由何處購買

5. 有無僱工？ 3 人工資每人　元計資方法

6. 原料：土紗或洋紗　洋紗　購買地點
及方法

7. 三年內產量若干？ 1152　今年增減情形及原因

8. 銷售方法：銷場　佣金若干　稅捐若干

9. 有無整染設備？　整染方法
整染費用

10. 產品：類別，寬布　疋窄布　疋
白布 16 疋藍布　疋

附註：1. 八九兩項均以疋計算　2. 十項以月計算

調查者　36 年 9 月 1 日

璧山县城东乡土布调查表 9-1-240（121）

103

中華平民教育促進會實驗部調查表之七（土布）

璧山 縣 城东 鄉 1 保

1. 機戶姓名 张驹白 2. 現在開工或停工 停工

3. 機頭若干：鐵機 架 木機 架

4. 織機來源：自製 或由何處購買

5. 有無僱工？ 无 人工資每人 元 計資方法

6. 原料：土紗或洋紗 洋纱 購買地點
及方法

7. 三年內產量若干？ 1152 今年增減情形及原因

8. 銷售方法：銷場 佣金若干 稅捐若干

9. 有無整染設備？ 整染方法
整染費用

10. 產品：類別，寬布 疋 窄布 疋
白布 16 疋 藍布 疋

附註：1. 八九兩項均以疋計算 2. 十項以月計算

調查者 36 年 8 月 1 日

104

中華平民教育促進會實驗部調查表之七（土布）

璧山 縣 城東 鄉 1 保

1. 機户姓名 徐鑑成　　2. 現在開工或停工 停工

3. 機頭若干：鐵機　　架木機　　架

4. 織機來源：自製　　或由何處購買

5. 有無僱工？　　人工資每人　　元計資方法

6. 原料：土紗或洋紗 洋紗　　購買地點

及方法

7. 三年内產量若干？　　今年增減情形及原因

8. 銷售方法：銷場　　佣金若干　　稅捐若干

9. 有無整染設備？　　整染方法

整染費用

10. 產品：類別，寬布　　疋窄布　　疋

白布　　疋藍布　　疋

附註：1. 八九兩項均以疋計算　2. 十項以月計算

調查者　　36 年 9 月 1 日

璧山县城东乡土布调查表　9-1-240（122）

璧山县城东乡土布调查表　9-1-240（123）

105

中華平民教育促進會實驗部調查表之七（土布）

璧山 縣　東 鄉　1 保

1. 機户姓名 徐仲学　　2. 現在開工或停工 停工
3. 機頭若干：鐵機 贰台　架木機　架
4. 織機來源：自製　或由何處購買
5. 有無雇工？　人工資每人　元計資方法
6. 原料：土紗或洋紗 1單紗　購買地點
　及方法
7. 三年内產量若干？　今年增減情形及原因
8. 銷售方法：銷場　佣金若干　稅捐若干
9. 有無整染設備？　整染方法
　整染費用
10. 產品：類別，寬布　疋窄布　疋
　白布　疋藍布　疋

附註：1. 八九兩項均以疋計算　2. 十項以月計算

中華平民教育促進會實驗部調查表之七（土布）

璧山縣 东 鄉 1 保

1. 機戶姓名 張以章　　2. 現在開工或停工 開2

3. 機頭若干：鐵機 贰 架　木機 架

4. 織機來源：自製　　或由何處購買

5. 有無僱工？ 3 人　工資每人 元　計資方法

6. 原料：土紗或洋紗 洋纱　　購買地點及方法

7. 三年內產量若干？ 1152　　今年增減情形及原因

8. 銷售方法：銷場　　佣金若干　　稅捐若干

9. 有無整染設備？　　整染方法　　整染費用

10. 產品：類別，寬布 疋　窄布 疋
　　白布 16 疋　藍布 疋

附註：1. 八九兩項均以疋計算　2. 十項以月計算

調查者　　36 年 9 月 1 日

璧山县城东乡土布调查表　9-1-240（125）

101

中華平民教育促進會實驗部調查表之七（土布）

璧山縣　東　鄉　1　保

1. 機戶姓名 張成恩　　2. 現在開工或停工

3. 機頭若干：鐵機 壹　　架木機　　架

4. 織機來源：自製　　或由何處購買

5. 有無僱工？　　人工資每人　　元計資方法

6. 原料：土紗或洋紗 洋紗　　購買地點

及方法

7. 三年內產量若干？　　今年增減情形及原因

8. 銷售方法：銷場　　佣金若干　　稅捐若干

9. 有無整染設備？　　整染方法

整染費用

10. 產品：類別，寬布　　疋窄布　　疋

白布　　疋藍布　　疋

附註：1. 八九兩項均以疋計算　2. 十項以月計算

108

中華平民教育促進會實驗部調查表之七（土布）

璧山 縣　東 鄉　1 保

1. 機户姓名 陈洪法　2. 現在開工或停工 停工

3. 機頭若干：鐵機 壹 架　木機 架

4. 織機來源：自製　或由何處購買

5. 有無僱工？　人工資每人 元　計資方法

6. 原料：土紗或洋紗 洋纱　購買地點

及方法

7. 三年內產量若干？　今年增減情形及原因

8. 銷售方法：銷場　佣金若干　稅捐若干

9. 有無整染設備？　整染方法

整染費用

10. 產品：類別，寬布 疋　窄布 疋

白布 疋　藍布 疋

附註：1. 八九兩項均以疋計算　2. 十項以月計算

調查者　36 年 9 月 1 日

璧山县城东乡土布调查表　9-1-240（126）

璧山县城东乡土布调查表　9-1-240（127）

中華平民教育促進會實驗部調查表之七（土布）

璧山縣　東　鄉　1　保

1. 機户姓名　張志李式　2. 現在開工或停工　停工

3. 機頭若干：鐵機　架木機　架

4. 織機來源：自製　或由何處購買

5. 有無僱工？　人工資每人　元計資方法

6. 原料：土紗或洋紗　購買地點

及方法

7. 三年内產量若干？　今年增減情形及原因

8. 銷售方法：銷場　佣金若干　稅捐若干

9. 有無整染設備？　整染方法

整染費用

10. 產品：類別：寬布　疋窄布　疋

白布　疋藍布　疋

附註：1. 八九兩項均以疋計算　2. 十項以月計算

中華平民教育促進會實驗部調查表之七（土布）

璧山縣　東　鄉　1　保

1. 機户姓名 徐白右　　2. 現在開工或停工 停工

3. 機頭若干：鐵機 壹 架　木機　架

4. 織機來源：自製　或由何處購買

5. 有無僱工？　人工資每人　元　計資方法

6. 原料：土紗或洋紗 洋紗　購買地點
　　及方法

7. 三年内產量若干？　今年增減情形及原因

8. 銷售方法：銷場　佣金若干　稅捐若干

9. 有無整染設備？　整染方法
　　整染費用

10. 產品：類別，寬布　疋　窄布　疋
　　　　白布　疋　藍布　疋

附註：1. 八九兩項均以疋計算　2. 十項以月計算

調查者　36 年 9 月 1 日

110

璧山县城东乡土布调查表　9-1-240（128）

璧山县城东乡土布调查表　9-1-240（129）

中華平民教育促進會實驗部調查表之七（土布）

璧山 縣　東 鄉　1 保

1. 機户姓名 孙炳臣　2. 現在開工或停工 停工

3. 機頭若干：鐵機 壹 架木機 架

4. 織機來源：自製　或由何處購買

5，有無僱工？　人工資每人　元計資方法

6. 原料：土紗或洋紗 洋紗　購買地點
及方法

7，三年内產量若干？　今年增減情形及原因

8，銷售方法：銷場　佣金若干　稅捐若干

9，有無整染設備？　整染方法
整染費用

10，產品：類别，寬布　疋窄布　疋
白布　疋藍布　疋

附註：1. 八九兩項均以疋計算　2. 十項以月計算

中華平民教育促進會實驗部調查表之七（土布）

璧山 縣 東 鄉 1 保

1. 機戶姓名 許志良　　2. 現在開工或停工 停工

3. 機頭若干：鐵機 壹　架木機　架

4. 織機來源：自製　或由何處購買

5. 有無僱工？　人工資每人　元計資方法

6. 原料：土紗或洋紗 洋紗　購買地點

及方法

7. 三年內產量若干？　今年增減情形及原因

8. 銷售方法：銷場　佣金若干　稅捐若干

9. 有無整染設備？　整染方法

整染費用

10. 產品：類別，寬布　疋窄布　疋

白布　疋藍布　疋

附註：1. 八九兩項均以疋計算　2. 十項以月計算

調查者　36 年 9 月 1 日

壁山县城东乡土布调查表　9-1-240（130）

璧山县城东乡土布调查表 9-1-240（131）

133

中華平民教育促進會實驗部調查表之七（土布）

璧山 縣 东 鄉 / 保

1. 機戶姓名 傅建華　　2. 現在開工或停工 停工
3. 機頭若干：鐵機 壹 架　木機 架
4. 織機來源：自製　或由何處購買
5，有無僱工？　人工資每人 元　計資方法
6. 原料：土紗或洋紗 洋紗　購買地點
　　及方法
7，三年內產量若干？　今年增減情形及原因
8，銷售方法：銷場　佣金若干　稅捐若干
9，有無整染設備？　整染方法
　　整染費用
10，產品：類別，寬布 疋　窄布 疋
　　　　　　白布 疋　藍布 疋

附註：1. 八九兩項均以疋計算　2. 十項以月計算

中華平民教育促進會實驗部調查表之七（土布）

縣 城東 鄉 一 保 八甲

1. 機户姓名 張正孝　　2. 現在開工或停工

3. 機頭若干：鐵機 壹 架 木機 架

4. 織機來源：自製 或由何處購買

5, 有無僱工？ 人工資每人 元 計資方法

6. 原料：土紗或洋紗 洋紗 購買地點 渝

及方法

7, 三年内產量若干？ 今年增減情形及原因

8, 銷售方法：銷場 佣金若干 稅捐若干

9, 有無整染設備？ 整染方法

整染費用

10, 產品：類別，寬布 疋 窄布 疋

細白布 拾 疋 藍布 疋

附註：1. 八九兩項均以疋計算　2. 十項以月計算

調查者　36 年 9 月 1 日

璧山县城东乡土布调查表　9-1-240（132）

璧山县城东乡土布调查表　9-1-240（133）

中華平民教育促進會實驗部調查表之七（土布）

璧山　縣　東　鄉　1　保

1. 機戶姓名　王荣華　　2. 現在開工或停工　停工

3. 機頭若干：鐵機　壹　架　木機　架

4. 織機來源：自製　或由何處購買

5，有無僱工？　人工資每人　元　計資方法

6. 原料：土紗或洋紗　[illegible]　購買地點
及方法

7，三年內產量若干？　今年增減情形及原因

8，銷售方法：銷場　佣金若干　稅捐若干

9，有無整染設備？　整染方法
整染費用

10，產品：類別，寬布　疋　窄布　疋
白布　疋　藍布　疋

附註：1. 八九兩項均以疋計算　2. 十項以月計算

116

中華平民教育促進會實驗部調查表之七（土布）

璧山縣　東鄉　1保

1. 機戶姓名 楊炳軒　　2. 現在開工或停工 停工

3. 機頭若干：鐵機 壹 架　木機　架

4. 織機來源：自製　或由何處購買

5，有無僱工？　人工資每人　元　計資方法

6. 原料：土紗或洋紗 洋紗　購買地點 及方法

7，三年內產量若干？　今年增減情形及原因

8，銷售方法：銷場　佣金若干　稅捐若干

9，有無整染設備？　整染方法　整染費用

10，產品：類別，寬布　疋　窄布　疋　白布　疋　藍布　疋

附註：1. 八九兩項均以疋計算　2. 十項以月計算

調查者　　36 年 9 月 1 日

璧山县城东乡土布调查表　9-1-240（134）

璧山县城东乡土布调查表 9-1-240（135）

中華平民教育促進會實驗部調查表之七（土布）

璧山縣 东 鄉 [illegible] 保

1. 機户姓名 [illegible] 2. 現在開工或停工

3. 機頭若干：鐵機 [illegible] 架木機 架

4. 織機來源：自製 或由何處購買

5. 有無僱工？ 人工資每人 元計資方法

6. 原料：土紗或洋紗 [illegible] 購買地點

及方法

7. 三年內產量若干？ 今年增減情形及原因

8. 銷售方法：銷場 佣金若干 稅捐若干

9. 有無整染設備？ 整染方法

整染費用

10. 產品：類別，寬布 疋窄布 疋

白布 疋藍布 疋

附註：1. 八九兩項均以疋計算 2. 十項以月計算

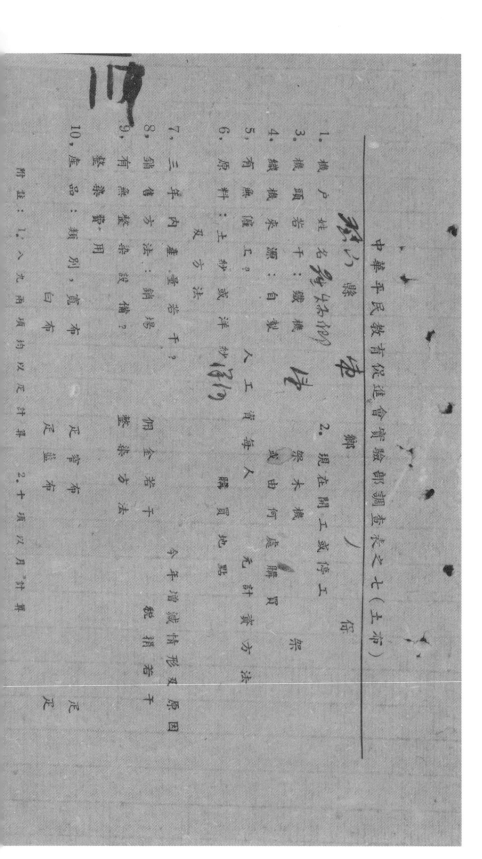

璧山縣 東 鄉 1 保

1. 機户姓名 歐松柏　　2. 現在開工或停工 停工

3. 機頭若干：鐵機 一 架 木機 架

4. 織機來源：自製 或由何處購買

5. 有無僱工？ 人 工資每人 元 計資方法

6. 原料：土紗或洋紗 洋紗 購買地點

及方法

7. 三年内產量若干？ 今年增減情形及原因

8. 銷售方法：銷場 佣金若干 税捐若干

9. 有無整染設備？ 整染方法

整染費用

10. 產品：類別，寬布 疋 窄布 疋

白布 疋 藍布 疋

附註：1. 八九兩項均以疋計算 2. 十項以月計算

調查者 36 年 9 月 1 日

璧山县城东乡土布调查表　9-1-240（136）

璧山县城东乡土布调查表　9-1-240（137）

中華平民教育促進會實驗部調查表之七（土布）

璧山 縣 東 鄉 1 保

1. 機戶姓名 張世貞　　2. 現在開工或停工 停工

3. 機頭若干：鐵機 貳 架 木機 架

4. 織機來源：自製 或由何處購買

5. 有無僱工？ 人工資每人 元 計資方法

6. 原料：土紗或洋紗 洋紗 購買地點
及方法

7. 三年內產量若干？ 今年增減情形及原因

8. 銷售方法：銷場 佣金若干 稅捐若干

9. 有無整染設備？ 整染方法
整染費用

10. 產品：類別，寬布 疋 窄布 疋
白布 疋 藍布 疋

附註：1. 八九兩項均以疋計算　2. 十項以月計算

119

120

中華平民教育促進會實驗部調查表之七（土布）

璧山縣 城东 鄉 1 保

1. 機戶姓名 謝炳安　　2. 現在開工或停工 停工

3. 機頭若干：鐵機 壹 架　木機　架

4. 織機來源：自製　或由何處購買

5，有無僱工？　人工資每人　元　計資方法

6，原料：土紗或洋紗 洋紗　購買地點

及方法

7，三年內產量若干？　今年增減情形及原因

8，銷售方法：銷場　佣金若干　稅捐若干

9，有無整染設備？　整染方法

整染費用

10，產品：類別，寬布　疋　窄布　疋

白布　疋　藍布　疋

附註：1. 八九兩項均以疋計算　2. 十項以月計算

調查者　　36 年 9 月 1 日

璧山县城东乡土布调查表　9-1-240（138）

璧山县城东乡土布调查表　9-1-240（139）

121

中華平民教育促進會實驗部調查表之七（土布）

璧山縣　东乡　1保

1. 機户姓名　廖登安　　2. 現在開工或停　停

3. 機頭若干：鐵機　弍　架木機　架

4. 織機來源：自製　或由何處購買

5. 有無僱工？　人工資每人　元計資方法

6. 原料：土紗或洋紗　洋纱　購買地點
及方法

7. 三年内產量若干？　今年增減情形及原因

8. 銷售方法：銷場　佣金若干　税捐若干

9. 有無整染設備？　整染方法
整染費用

10. 產品：類別，寬布　疋窄布　疋
白布　疋藍布　疋

附註：1. 八九兩項均以疋計算　2. 十項以月計算

調查者　　36年8月1日

122

中華平民教育促進會實驗部調查表之七（土布）

璧山 縣 城東 鄉 1 保

1. 機戶姓名 巫克甫　　2. 現在開工或停工 停工

3. 機頭若干：鐵機 生　　架木機　　架

4. 織機來源：自製　　或由何處購買

5. 有無僱工？　　人工資每人　　元計資方法

6. 原料：土紗或洋紗 洋紗　　購買地點

及方法

7. 三年內產量若干？　　今年增減情形及原因

8. 銷售方法：銷場　　佣金若干　　稅捐若干

9. 有無整染設備？　　整染方法

整染費用

10. 產品：類別，寬布　　疋窄布　　疋

白布　　疋藍布　　疋

附註：1. 八九兩項均以疋計算　2. 十項以月計算

調查者　　36 年 8 月 1 日

璧山县城东乡土布调查表　9-1-240（140）

璧山县城东乡土布调查表　9-1-240（141）

123

中華平民教育促進會實驗部調查表之七（土布）

璧山縣　东　鄉　1　保

1. 機戶姓名　王叻之　　2. 現在開工或停工　停工

3. 機頭若干：鐵機　貳　架木機　架

4. 織機來源：自製　或由何處購買

5. 有無僱工？　人工資每人　元計資方法

6. 原料：土紗或洋紗　洋紗　購買地點
及方法

7. 三年內產量若干？　今年增減情形及原因

8. 銷售方法：銷場　佣金若干　稅捐若干

9. 有無整染設備？　整染方法
整染費用

10. 產品：類別，寬布　疋窄布　疋
白布　疋藍布　疋

附註：1. 八九兩項均以疋計算　2. 十項以月計算

調查者　　　年　　月　　日

124

中華平民教育促進會實驗部調查表之七（土布）

璧山 縣 东 鄉 1 保

1. 機戶姓名 吴樂君　　2. 現在開工或停工 停工

3. 機頭若干：鐵機 壹 架 木機 架

4. 織機來源：自製 或由何處購買

5. 有無僱工？ 人 工資每人 元 計資方法

6. 原料：土紗或洋紗 洋纱 購買地點

及方法

7. 三年內產量若干？ 今年增減情形及原因

8. 銷售方法：銷場 佣金若干 税捐若干

9. 有無整染設備？ 整染方法

整染費用

10. 產品：類別，寬布 疋 窄布 疋

白布 疋 藍布 疋

附註：1. 八九兩項均以疋計算　2. 十項以月計算

調查者　　36 年 9 月 1 日

璧山县城东乡土布调查表　9-1-240（142）

璧山县城东乡土布调查表　9-1-240（143）

125

中華平民教育促進會實驗部調查表之七（土布）

璧山 縣　东 鄉　1 保

1. 機戶姓名 黄炳金　2. 現在開工或停工 停工

3. 機頭若干：鐵機 一 架木機　架

4. 織機來源：自製　或由何處購買

5. 有無僱工？　人工資每人　元計資方法

6. 原料：土紗或洋紗 洋的　購買地點

及方法

7. 三年内產量若干？　今年增減情形及原因

8. 銷售方法：銷場　佣金若干　稅捐若干

9. 有無整染設備？　整染方法

整染費用

10. 產品：類別，寬布　疋窄布　疋

白布　疋藍布　疋

附註：1. 八九兩項均以疋計算　2. 十項以月計算

調查者　　年

璧山县城东乡土布调查表　9-1-240（144）

中華平民教育促進會實驗部調查表之七（土布）

璧山縣　东　鄉　1　保

1. 機户姓名 林服臣　　2. 現在開工或停工 停工

3. 機頭若干：鐵機 弍 架木機 架

4. 織機來源：自製 或由何處購買

5，有無僱工？ 人工資每人 元計資方法

6. 原料：土紗或洋紗 洋纱 購買地點 及方法

7、三年內產量若干？ 今年增減情形及原因

8，銷售方法：銷場 佣金若干 稅捐若干

9，有無整染設備？ 整染方法 整染費用

10，產品：類別，寬布 疋 窄布 疋

白布 疋 藍布 疋

附註：1. 八九兩項均以疋計算　2. 十項以月計算

調查者　36年5月1日

璧山县城东乡土布调查表　9-1-240（145）

中華平民教育促進會實驗部調查表之七（土布）

璧山 縣 東 鄉 1 保

1. 機戶姓名 劉華清　2. 現在開工或停工 停工
3. 機頭若干：鐵機 壹 架木機 架
4. 織機來源：自製 或由何處購買
5. 有無僱工？ 人工資每人 元計資方法
6. 原料：土紗或洋紗 洋紗 購買地點
及方法
7. 三年內產量若干？ 今年增減情形及原因
8. 銷售方法：銷場 佣金若干 稅捐若干
9. 有無整染設備？ 整染方法
整染費用
10. 產品：類別，寬布 疋 窄布 疋
白布 疋 藍布 疋

附註：1. 八九兩項均以疋計算　2. 十項以月計算

調查者

128

中華平民教育促進會實驗部調查表之七（土布）

璧山縣　東鄉　1保

1. 機戶姓名 徐建中　　2. 現在開工或停工 停二

3. 機頭若干：鐵機 [illegible]　架木機　架

4. 織機來源：自製　或由何處購買

5. 有無僱工？　人工資每人　元計資方法

6. 原料：土紗或洋紗 [illegible]　購買地點

及方法

7. 三年內產量若干？　今年增減情形及原因

8. 銷售方法：銷場　佣金若干　稅捐若干

9. 有無整染設備？　整染方法

整染費用

10. 產品：類別，寬布　疋窄布　疋

白布　疋藍布　疋

附註：1. 八九兩項均以疋計算　2. 十項以月計算

調查者　36年9月1日

璧山县城东乡土布调查表　9-1-240（146）

璧山县城东乡土布调查表　9-1-240（147）

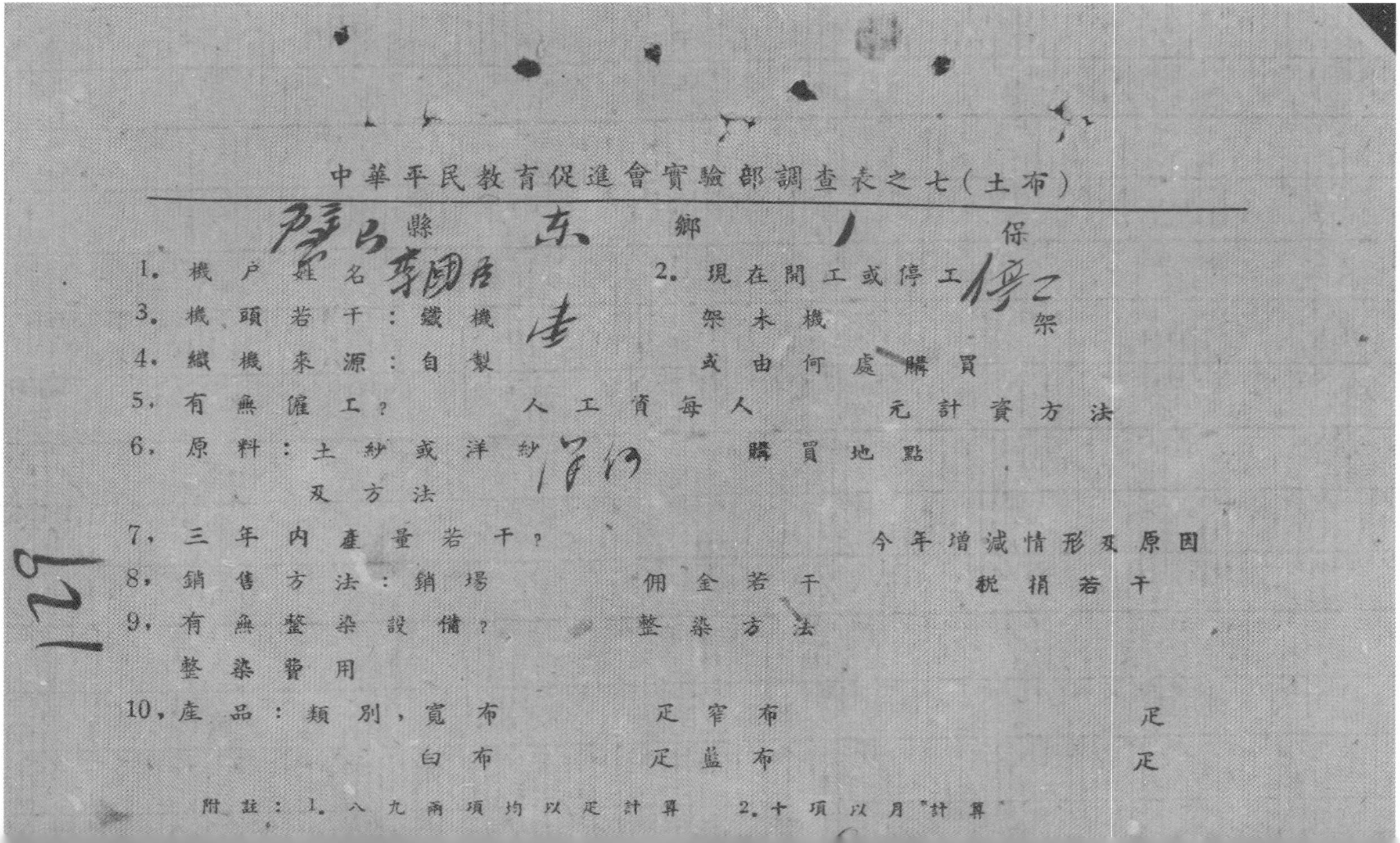

129

中華平民教育促進會實驗部調查表之七（土布）

璧山縣　东鄉　1保

1. 機户姓名　李國臣　　2. 現在開工或停工　停工

3. 機頭若干：鐵機　壹　架木機　架

4. 織機來源：自製　或由何處購買

5. 有無僱工？　人工資每人　元計資方法

6. 原料：土紗或洋紗　洋紗　購買地點
及方法

7. 三年内產量若干？　今年增減情形及原因

8. 銷售方法：銷場　佣金若干　税捐若干

9. 有無整染設備？　整染方法
整染費用

10. 產品：類別，寬布　疋窄布　疋
白布　疋藍布　疋

附註：1. 八九兩項均以疋計算　2. 十項以月"計算"

中華平民教育促進會實驗部調查表之七（土布）

璧山縣 城東 鄉 1 保

1. 機戶姓名 熊紹良　　2. 現在開工或停工 停工

3. 機頭若干：鐵機 叁 架 木機 架

4. 織機來源：自製 或由何處購買

5. 有無僱工？ 人 工資每人 元 計資方法

6. 原料：土紗或洋紗 洋紗 購買地點

及方法

7. 三年內產量若干？ 今年增減情形及原因

8. 銷售方法：銷場 佣金若干 稅捐若干

9. 有無整染設備？ 整染方法

整染費用

10. 產品：類別，寬布 疋 窄布 疋

白布 疋 藍布 疋

附註：1. 八九兩項均以疋計算　2. 十項以月計算

調查者　　36 年 7 月 1 日

130

璧山县城东乡土布调查表　9-1-240（149）

131

中華平民教育促進會實驗部調查表之七（土布）

璧山　縣　东　鄉　1　保

1. 機户姓名　田海泉佳　　2. 現在開工或停工　停

3. 機頭若干：鐵機　　架木機　　架

4. 織機來源：自製　　或由何處購買

5. 有無僱工？　　人工資每人　　元計資方法

6. 原料：土紗或洋紗　洋纱　　購買地點

及方法

7. 三年内產量若干？　　今年增減情形及原因

8. 銷售方法：銷場　　佣金若干　　税捐若干

9. 有無整染設備？　　整染方法

整染費用

10. 產品：類別，寬布　　疋窄布　　疋

白布　　疋藍布　　疋

附註：1. 八九兩項均以疋計算　2. 十項以月計算

中華平民教育促進會實驗部調查表之七（土布）

璧山縣 东 鄉 1 保

132

1. 機戶姓名 潘世林　　2. 現在開工或停工 停工

3. 機頭若干：鐵機 贰 架　木機　架

4. 織機來源：自製　或由何處購買

5. 有無僱工？　人工資每人　元　計資方法

6. 原料：土紗或洋紗 洋　購買地點

及方法

7. 三年內產量若干？　今年增減情形及原因

8. 銷售方法：銷場　佣金若干　稅捐若干

9. 有無整染設備？　整染方法

整染費用

10. 產品：類別，寬布　疋　窄布　疋

白布　疋　藍布　疋

附註：1. 八九兩項均以疋計算　2. 十項以月計算

調查者　36 年 5 月 1 日

璧山县城东乡土布调查表　9-1-240（150）

璧山县城东乡土布调查表　9-1-240（151）

133

中華平民教育促進會實驗部調查表之七（土布）

璧山　縣　南　鄉　　保

1. 機户姓名　張云久　　2. 現在開工或停工
3. 機頭若干：鐵機　　架木機　　架
4. 織機來源：自製　　或由何處購買
5. 有無僱工？　　人工資每人　　元計資方法
6. 原料：土紗或洋紗　[illegible]　　購買地點
　　及方法
7. 三年内產量若干？　　今年增減情形及原因
8. 銷售方法：銷場　　佣金若干　　税捐若干
9. 有無整染設備？　　整染方法
　　整染費用
10. 產品：類別，寬布　　疋窄布　　疋
　　白布　　疋藍布　　疋

附註：1. 八九兩項均以疋計算　2. 十項以月計算

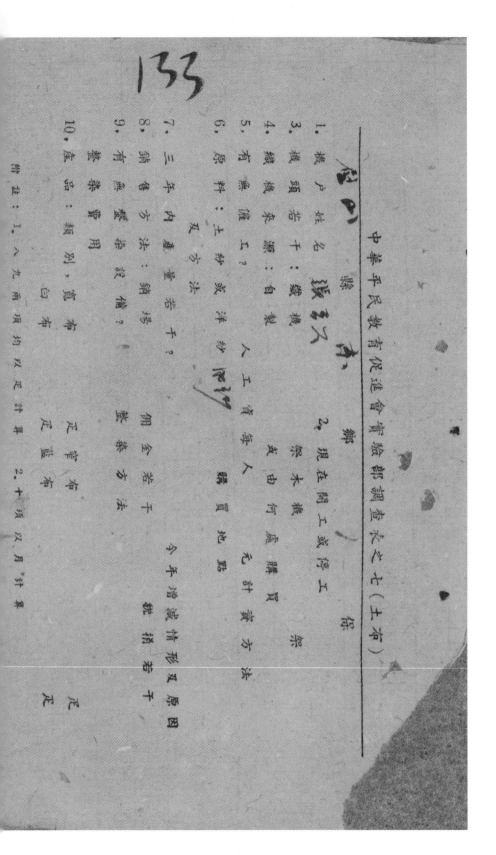

璧山縣 城東 鄉 保 甲

1. 機戶姓名 陳羅氏　2. 現在開工或停工 停

3. 機頭若干：鐵機 一台　架木機 架

4. 織機來源：自製 自　或由何處購買

5. 有無僱工？　人工資每人 元計資方法

6. 原料：土紗或洋紗 洋紗　購買地點 渝

及方法

7. 三年內產量若干？　今年增減情形及原因

8. 銷售方法：銷場　佣金若干　稅捐若干

9. 有無整染設備？　整染方法

整染費用

10. 產品：類別，寬布 拾 疋 窄布 疋

白布 疋 藍布 疋

附註：1. 八九兩項均以疋計算　2. 十項以月計算

調查者　年　月　日

璧山县城东乡土布调查表　9-1-240（152）

璧山县城东乡土布调查表 9-1-245（2）

中華平民教育促進會實驗部調查表之七（土布）

璧山縣 城東 鄉 六 保 拾捌甲抄戶

1. 機戶姓名 孫興發　　2. 現在開工或停工 停

3. 機頭若干：鐵機 壹 架 木機 架

4. 織機來源：自製 自 或由何處購買

5. 有無僱工？ 人 工資每人 元 計資方法

6. 原料：土紗或洋紗 洋紗 購買地點 及方法

7. 三年內產量若干？ 今年增減情形及原因

8. 銷售方法：銷場 佣金若干 稅捐若干

9. 有無整染設備？ 整染方法 整染費用

10. 產品：類別，寬布 拾 疋 窄布 疋 白布 疋 藍布 疋

附註：1. 八九兩項均以疋計算　2. 十項以月計算

中華平民教育促進會實驗部調查表之七（土布）

璧山縣　城東鄉　六保　二甲一二户

1. 機户姓名 宋荣森　　2. 現在開工或停工 停

3. 機頭若干：鐵機 弍　　架木機　　架

4. 織機來源：自製 自　　或由何處購買

5. 有無僱工？ 一　人工資每人　　元計資方法

6. 原料：土紗或洋紗 洋纱　　購買地點 渝

　　及方法

7. 三年内產量若干？　　今年增減情形及原因

8. 銷售方法：銷場　　佣金若干　　税捐若干

9. 有無整染設備？　　整染方法

　　整染費用

10. 產品：類别，寬布 拾 疋　窄布　　疋

　　白布　　疋　藍布　　疋

附註：1. 八九兩項均以疋計算　2. 十項以月"計"算

調查者　　年　　月　　日

璧山县城东乡土布调查表　9-1-245（3）

璧山县城东乡土布调查表 9-1-245（4）

中華平民教育促進會實驗部調查表之七（土布）

璧山 縣 城東 鄉 六 保 二甲九户

1. 機户姓名 廖林氏　　2. 現在開工或停工 停

3. 機頭若干：鐵機 壹 架 木機 架

4. 織機來源：自製 自 或由何處購買

5. 有無僱工？ 一 人 工資每人 元 計資方法

6. 原料：土紗或洋紗 洋紗 購買地點 渝
及方法

7. 三年內產量若干？　　今年增減情形及原因

8. 銷售方法：銷場　　佣金若干　　稅捐若干

9. 有無整染設備？　　整染方法
整染費用

10. 產品：類別，寬布 拾 疋 窄布 疋
白布 疋 藍布 疋

附註：1. 八九兩項均以疋計算　2. 十項以月"計"算

中華平民教育促進會實驗部調查表之七（土布）

璧山縣 城東 鄉 六 保 一甲七户

1. 機户姓名 顏紹清　2. 現在開工或停工

3. 機頭若干：鐵機 弍 架 木機 架

4. 織機來源：自製 自　或由何處購買

5. 有無僱工？ 自　人工資每人 元 計資方法

6. 原料：土紗或洋紗 洋沙　購買地點 渝

及方法

7. 三年內產量若干？　今年增減情形及原因

8. 銷售方法：銷場　佣金若干　稅捐若干

9. 有無整染設備？　整染方法

整染費用

10. 產品：類別，寬布 拾 疋 窄布 疋

白布 疋 藍布 疋

附註：1. 八九兩項均以疋計算　2. 十項以月計算

調查者　年　月　日

璧山县城东乡土布调查表 9-1-245（6）

中華平民教育促進會實驗部調查表之七（土布）

璧山 縣 城東 鄉 六 保 二甲四户

1. 機户姓名 周盛良　　2. 現在開工或停工 停

3. 機頭若干：鐵機 弍 架 木機 架

4. 織機來源：自製 自 或由何處購買

5. 有無僱工？ 人工資每人 元 計資方法

6. 原料：土紗或洋紗 洋沙 購買地點 渝

及方法

7. 三年内產量若干？ 今年增減情形及原因

8. 銷售方法：銷場 佣金若干 稅捐若干

9. 有無整染設備？ 整染方法

整染費用

10. 產品：類別，寬布 拾 疋 窄布 疋

白布 疋 藍布 疋

附註：1. 八九兩項均以疋計算　2. 十項以月"計"算

中華平民教育促進會實驗部調查表之七（土布）

璧山縣 **城東**鄉 **六**保 **二甲一户**

1. 機户姓名 **周瑞華**　　2. 現在開工或停工 **停**

3. 機頭若干：鐵機 **弍** 架木機　　架

4. 織機來源：自製 **自**　　或由何處購買

5，有無僱工？　　人工資每人　　元計資方法

6，原料：土紗或洋紗 **洋紗**　　購買地點

　　及方法

7，三年內產量若干？　　今年增減情形及原因

8，銷售方法：銷場　　佣金若干　　稅捐若干

9，有無整染設備？　　整染方法

　　整染費用

10，產品：類別，寬布 **拾** 疋窄布　　疋

　　白布　　疋藍布　　疋

附註：1. 八九兩項均以疋計算　2. 十項以月"計"算

調查者　　年　**一**　月　　日

璧山县城东乡土布调查表　9-1-245（7）

璧山县城东乡土布调查表　9-1-245（8）

中華平民教育促進會實驗部調查表之七（土布）

璧山縣 城東 鄉 六 保 二甲二户

1. 機户姓名 廖世俊　　2. 現在開工或停工 停

3. 機頭若干：鐵機 弍 架 木機 架

4. 織機來源：自製 自 或由何處購買

5. 有無僱工？ 人工資每人 元 計資方法

6. 原料：土紗或洋紗 洋纱 購買地點 渝
及方法

7. 三年内產量若干？ 今年增減情形及原因

8. 銷售方法：銷場 佣金若干 稅捐若干

9. 有無整染設備？ 整染方法
整染費用

10. 產品：類别，寬布 拾 疋 窄布 疋
白布 疋 藍布 疋

附註：1. 八九兩項均以疋計算　2. 十項以月計算

壁山 縣 城東 鄉 第六 保 二甲六户

1. 機户姓名 何耀光　　2. 現在開工或停工

3. 機頭若干：鐵機 壹 架木機 架

4. 織機來源：自製 或由何處購買

5. 有無僱工？ 人工資每人 元計資方法

6. 原料：土紗或洋紗 洋紗 購買地點 重慶

及方法

7. 三年内產量若干？ 今年增減情形及原因

8. 銷售方法：銷場 佣金若干 稅捐若干

9. 有無整染設備？ 整染方法

整染費用

10. 產品：類別，寬布 拾 疋窄布 疋

白布 疋藍布 疋

附註：1. 八九兩項均以疋計算　2. 十項以月計算

調查者 年 月 日

9

璧山县城东乡土布调查表　9-1-245（10）

中華平民教育促進會實驗部調查表之七（土布）

璧山縣　　鄉　六　保　二甲三户

1. 機户姓名　廖恒章　　2. 現在開工或停工　停

3. 機頭若干：鐵機　壹　　架木機　　架

4. 織機來源：自製　有　　或由何處購買

5. 有無僱工？　　人工資每人　　元計資方法

6. 原料：土紗或洋紗　洋紗　　購買地點　渝
及方法

7. 三年内產量若干？　　今年增减情形及原因

8. 銷售方法：銷場　　佣金若干　　税捐若干

9. 有無整染設備？　　整染方法
整染費用

10. 產品：類别，寬布　拾　疋窄布　　疋
白布　　疋藍布　　疋

附註：1. 八九兩項均以疋計算　2. 十項以月計算

中華平民教育促進會實驗部調查表之七（土布）

璧山 縣 城東 鄉 六 保 二甲四户

1. 機户姓名 廖刘氏　　2. 現在開工或停工 停

3. 機頭若干：鐵機 貳 架 木機 架

4. 織機來源：自製 自 或由何處購買

5. 有無僱工？ 人工資每人 元 計資方法

6. 原料：土紗或洋紗 洋紗 購買地點 渝

及方法

7. 三年內產量若干？ 今年增減情形及原因

8. 銷售方法：銷場 佣金若干 稅捐若干

9. 有無整染設備？ 整染方法

整染費用

10. 產品：類別，寬布 拾 疋 窄布 疋

白布 疋 藍布 疋

附註：1. 八九兩項均以疋計算　2. 十項以月計算

調查者　　年　月　日

璧山县城东乡土布调查表　9-1-245（11）

璧山县城东乡土布调查表 9-1-245（12）

中華平民教育促進會實驗部調查表之七（土布）

璧山縣 城東 鄉 六 保 二甲15户

1. 機户姓名 張裕儒　　2. 現在開工或停工 停

3. 機頭若干：鐵機 弍 架木機 架

4. 織機來源：自製 自 或由何處購買

5. 有無僱工？ 人工資每人 元計資方法

6. 原料：土紗或洋紗 洋紗 購買地點 渝

　　及方法

7. 三年内產量若干？ 今年增減情形及原因

8. 銷售方法：銷場 佣金若干 稅捐若干

9. 有無整染設備？ 整染方法

　　整染費用

10. 產品：類別，寬布 拾 疋窄布 疋

　　白布 疋藍布 疋

附註：1. 八九兩項均以疋計算　2. 十項以月"計"算

中華平民教育促進會實驗部調查表之七（土布）

壁山縣 城東 鄉 六 保 三甲一九戶

1. 機戶姓名 周刘氏　　2. 現在開工或停工 停

3. 機頭若干：鐵機 壹 架　木機　架

4. 織機來源：自製 自　或由何處購買

5. 有無僱工？　人工資每人　元　計資方法

6. 原料：土紗或洋紗 洋紗　購買地點 渝

及方法

7. 三年內產量若干？　今年增減情形及原因

8. 銷售方法：銷場　佣金若干　稅捐若干

9. 有無整染設備？　整染方法

整染費用

10. 產品：類別，寬布 拾 疋　窄布　疋

白布　疋　藍布　疋

附註：1. 八九兩項均以疋計算　2. 十項以月計算

調查者　　年　月　日

12

壁山县城东乡土布调查表　9-1-245（13）

璧山县城东乡土布调查表　9-1-245（14）

中華平民教育促進會實驗部調查表之七（土布）

璧山縣　城東鄉　六保　四甲七户

1. 機户姓名　孫光樣　　2. 現在開工或停工　停

3. 機頭若干：鐵機　弍　架　木機　架

4. 織機來源：自製　自　或由何處購買

5. 有無僱工？　人工資每人　元　計資方法

6. 原料：土紗或洋紗　洋紗　購買地點　渝
及方法

7. 三年内產量若干？　今年增減情形及原因

8. 銷售方法：銷場　佣金若干　税捐若干

9. 有無整染設備？　整染方法
整染費用

10. 產品：類別，寬布　拾　疋　窄布　疋
白布　疋　藍布　疋

附註：1. 八九兩項均以疋計算　2. 十項以月"計"算

13

中華平民教育促進會實驗部調查表之七（土布）

壁山縣　城東　鄉　六　保　四甲二〇户

1. 機户姓名　朱刘氏　　2. 現在開工或停工　停

3. 機頭若干：鐵機　壹　架　木機　架

4. 織機來源：自製　自　或由何處購買

5. 有無僱工？　人工資每人　元計資方法

6. 原料：土紗或洋紗　洋紗　購買地點
　及方法

7. 三年內產量若干？　今年增減情形及原因

8. 銷售方法：銷場　佣金若干　稅捐若干

9. 有無整染設備？　整染方法
　整染費用

10. 產品：類別，寬布　拾　疋　窄布　疋
　白布　疋　藍布　疋

附註：1. 八九兩項均以疋計算　2. 十項以月計算

調查者　年　月　日

璧山县城东乡土布调查表　9-1-245（15）

璧山县城东乡土布调查表　9-1-245（16）

中華平民教育促進會實驗部調查表之七（土布）

璧山縣　城東鄉　六保　四甲五户

1. 機户姓名 邱鳴澤　　2. 現在開工或停工 停

3. 機頭若干：鐵機 弍 架　木機　架

4. 織機來源：自製 自　或由何處購買

5. 有無僱工？　人工資每人　元　計資方法

6. 原料：土紗或洋紗 洋紗　購買地點 渝
　及方法

7. 三年內產量若干？　今年增減情形及原因

8. 銷售方法：銷場　佣金若干　稅捐若干

9. 有無整染設備？　整染方法
　整染費用

10. 產品：類別，寬布 拾 疋　窄布　疋
　白布　疋　藍布　疋

璧山縣 城東 鄉 六 保 四甲六戶

1. 機戶姓名 郎海清　　2. 現在開工或停工 停

3. 機頭若干：鐵機 弍 架　木機 架

4. 織機來源：自製 自　或由何處購買

5. 有無僱工？ 人　工資每人 元　計資方法

6. 原料：土紗或洋紗 洋紗　購買地點 渝
及方法

7. 三年內產量若干？　今年增減情形及原因

8. 銷售方法：銷場　佣金若干　稅捐若干

9. 有無整染設備？　整染方法
整染費用

10. 產品：類別，寬布 拾 疋　窄布 疋
白布 疋　藍布 疋

附註：1. 八九兩項均以疋計算　2. 十項以月"計"算

調查者　年　月　日

16

璧山县城东乡土布调查表　9-1-245（17）

璧山县城东乡土布调查表　9-1-245（18）

中華平民教育促進會實驗部調查表之七（土布）

璧山縣　城東　鄉　六　保　四甲二户

1．機户姓名　易書圖　　2．現在開工或停工　停

3．機頭若干：鐵機　壹　架　木機　　架

4．織機來源：自製　自　或由何處購買

5．有無雇工？　人工資每人　元　計資方法

6．原料：土紗或洋紗　洋紗　購買地點　渝
　　及方法

7．三年内產量若干？　今年增減情形及原因

8．銷售方法：銷場　佣金若干　税捐若干

9．有無整染設備？　整染方法
　　整染費用

10．產品：類别，寬布　拾　疋　窄布　　疋
　　白布　　疋　藍布　　疋

附註：1．八九兩項均以疋計算　2．十項以月"計"算

中華平民教育促進會實驗部調查表之七（土布）

璧山縣 城東 鄉 六 保 四甲一户

1．機户姓名 易炳山　　2．現在開工或停工 停

3．機頭若干：鐵機 弍 架　木機 架

4．織機來源：自製 自　或由何處購買

5，有無僱工？　人工資每人 元　計資方法

6．原料：土紗或洋紗 洋紗　購買地點 渝

及方法

7、三年內產量若干？　今年增減情形及原因

8，銷售方法：銷場　佣金若干　稅捐若干

9，有無整染設備？　整染方法

整染費用

10，產品：類別，寬布 拾 疋　窄布 疋

白布 疋　藍布 疋

附註：1．八九兩項均以疋計算　2．十項以月計算

調查者　年　月　日

18

璧山县城东乡土布调查表　9-1-245（19）

璧山县城东乡土布调查表　9-1-245（20）

中華平民教育促進會實驗部調查表之七（土布）

璧山 縣 城東 鄉 六 保 四甲一九户

1. 機户姓名 刘德輝　2. 現在開工或停工 停

3. 機頭若干：鐵機 弍　架木機　架

4. 織機來源：自製 自　或由何處購買

5. 有無僱工？　人工資每人　元計資方法

6. 原料：土紗或洋紗 洋紗　購買地點 渝

及方法

7. 三年內產量若干？　今年增減情形及原因

8. 銷售方法：銷場　佣金若干　稅捐若干

9. 有無整染設備？　整染方法

整染費用

10. 產品：類別，寬布 拾 疋　窄布　疋

白布　疋　藍布　疋

附註：1. 八九兩項均以疋計算　2. 十項以月計算

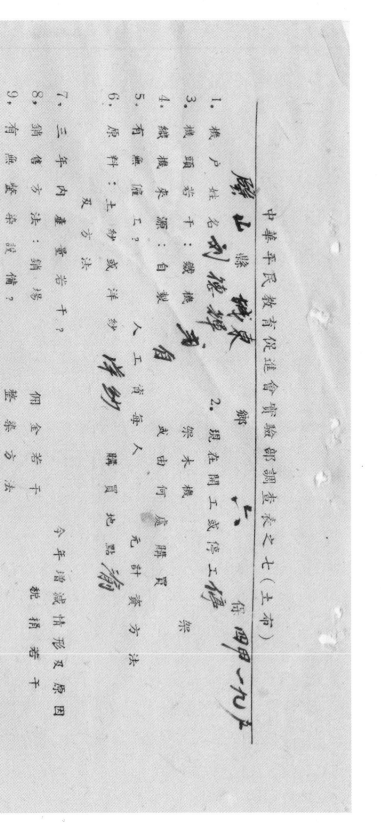

中華平民教育促進會實驗部調查表之七（土布）

璧山 縣 城東 鄉 六 保 四甲八户

1. 機户姓名 郎林遠　　2. 現在開工或停工 停

3. 機頭若干：鐵機 貳 架　木機 架

4. 織機來源：自製 自　　或由何處購買

5. 有無僱工？　　人工資每人　　元計資方法

6. 原料：土紗或洋紗 洋紗　　購買地點 渝
及方法

7. 三年内產量若干？　　今年增減情形及原因

8. 銷售方法：銷場　　佣金若干　　税捐若干

9. 有無整染設備？　　整染方法
整染費用

10. 產品：類别，寬布 拾 疋　窄布　　疋
白布　　疋　藍布　　疋

附註：1. 八九兩項均以疋計算　2. 十項以月"計"算

調查者　　　　年　　月　　日

90

璧山县城东乡土布调查表　9-1-245（21）

璧山县城东乡土布调查表　9-1-245（22）

中華平民教育促進會實驗部調查表之七（土布）

璧山 縣　城東 鄉　六　保 四甲十户

1. 機戶姓名 舒雲清　2. 現在開工或停工 停

3. 機頭若干：鐵機 壹 架　木機　架

4. 織機來源：自製 自　或由何處購買

5. 有無僱工？　人工資每人　元　計資方法

6. 原料：土紗或洋紗 洋紗　購買地點 渝

及方法

7. 三年內產量若干？　今年增減情形及原因

8. 銷售方法：銷場　佣金若干　稅捐若干

9. 有無整染設備？　整染方法

整染費用

10. 產品：類別，寬布 拾 疋　窄布　疋

白布　疋　藍布　疋

註：1. 八九兩項均以疋計算　2. 十項以月"計"算

璧山縣城東鄉六保四甲一八户

1．機户姓名王永康　2．現在開工或停工停

3．機頭若干：鐵機弍　架木機　架

4．織機來源：自製自　或由何處購買

5，有無僱工？　人工資每人　元計資方法

6，原料：土紗或洋紗洋紗　購買地點渝

及方法

7，三年内產量若干？　今年增減情形及原因

8，銷售方法：銷場　佣金若干　稅捐若干

9，有無整染設備？　整染方法

整染費用

10，產品：類別，寬布拾　疋窄布　疋

白布　疋藍布　疋

附註：1．八九兩項均以疋計算　2．十項以月"計"算

調查者　年　月　日

璧山县城东乡土布调查表　9-1-245（23）

璧山县城东乡土布调查表　9-1-245（24）

中華平民教育促進會實驗部調查表之七（土布）

璧山縣　城東　鄉　六　保四甲72户

1. 機户姓名　邱洪發　　2. 現在開工或停工　停

3. 機頭若干：鐵機　弍　　架木機　　架

4. 織機來源：自製　自　　或由何處購買

5，有無僱工？　　人工資每人　　元計資方法

6. 原料：土紗或洋紗　　購買地點

及方法

7，三年內產量若干？　　今年增减情形及原因

8，銷售方法：銷場　　佣金若干　　税捐若干

9，有無整染設備？　　整染方法

整染費用

10，產品：類别，寬布　拾　疋窄布　　疋

白布　　疋藍布　　疋

附註：1. 八九兩項均以疋計算　2. 十項以月計算

璧山縣 城東 鄉 六 保 四甲一四戶

1. 機戶姓名 邱仁廷　　2. 現在開工或停工 停

3. 機頭若干：鐵機 弍　架木機　架

4. 織機來源：自製 自　或由何處購買

5. 有無僱工？　人工資每人　元計資方法

6. 原料：土紗或洋紗 洋紗　購買地點 渝

及方法

7. 三年內產量若干？　今年增減情形及原因

8. 銷售方法：銷場　佣金若干　稅捐若干

9. 有無整染設備？　整染方法

整染費用

10. 產品：類別，寬布 拾 疋　窄布　疋

白布　疋　藍布　疋

附註：1. 八九兩項均以疋計算　2. 十項以月"計"算

調查者　年　月　日

璧山县城东乡土布调查表 9-1-245（26）

中華平民教育促進會實驗部調查表之七（土布）

璧山縣 城東 鄉 六 保 四甲十八户

1. 機户姓名 王忠臣　2. 現在開工或停工 停

3. 機頭若干：鐵機 弍 架 木機 架

4. 織機來源：自製 自 或由何處購買

5. 有無僱工？ 人工資每人 元 計資方法

6. 原料：土紗或洋紗 洋紗 購買地點 渝

及方法

7. 三年內產量若干？ 今年增減情形及原因

8. 銷售方法：銷場 佣金若干 稅捐若干

9. 有無整染設備？ 整染方法

整染費用

10. 產品：類別，寬布 拾 疋 窄布 疋

白布 疋 藍布 疋

附註：1. 八九兩項均以疋計算　2. 十項以月計算

璧山縣 城東 鄉 六 保 四甲十三户

1. 機戶姓名 謝錫卅　　2. 現在開工或停工 停

3. 機頭若干：鐵機 弍 架 木機 架

4. 織機來源：自製 有 或由何處購買

5. 有無僱工？ 人工資每人 元 計資方法

6. 原料：土紗或洋紗 洋紗 購買地點 渝 及方法

7. 三年內產量若干？ 今年增減情形及原因

8. 銷售方法：銷場 佣金若干 稅捐若干

9. 有無整染設備？ 整染方法 整染費用

10. 產品：類別，寬布 拾 疋 窄布 疋
白布 疋 藍布 疋

附註：1. 八九兩項均以疋計算　2. 十項以月計算

調查者　　年　　月　　日

26

璧山县城东乡土布调查表　9-1-245（27）

璧山县城东乡土布调查表　9-1-245（28）

中華平民教育促進會實驗部調查表之七（土布）

璧山縣 城東 鄉 六 保 四甲十一户

1. 機户姓名 王海堂　　2. 現在開工或停工 停

3. 機頭若干：鐵機 壹　　架木機　　架

4. 織機來源：自製 有　　或由何處購買

5. 有無僱工？　　人工資每人　　元計資方法

6. 原料：土紗或洋紗 洋紗　　購買地點 渝

及方法

7. 三年內產量若干？　　今年增減情形及原因

8. 銷售方法：銷場　　佣金若干　　稅捐若干

9. 有無整染設備？　　整染方法

整染費用

10. 產品：類別，寬布 拾 疋　窄布　　疋

白布　　疋　藍布　　疋

附註：1. 八九兩項均以疋計算　2. 十項以月計算

中華平民教育促進會實驗部調查表之七（土布）

璧山縣 城東 鄉 六 保 伍甲四户

1. 機户姓名 羅澤安　　2. 現在開工或停工 停

3. 機頭若干：鐵機 壹　架 木機　架

4. 織機來源：自製 自　或由何處購買

5. 有無僱工？　人工資每人　元 計資方法

6. 原料：土紗或洋紗 洋紗　購買地點 渝

及方法

7. 三年内產量若干？　　今年增減情形及原因

8. 銷售方法：銷場　　佣金若干　　稅捐若干

9. 有無整染設備？　　整染方法

整染費用

10. 產品：類别，寬布 拾 疋 窄布　疋

白布　疋 藍布　疋

附註：1. 八九兩項均以疋計算　2. 十項以月計算

調查者　　年　月　日

璧山县城东乡土布调查表　9-1-245（29）

璧山县城东乡土布调查表 9-1-245（30）

中華平民教育促進會實驗部調查表之七（土布）

璧山 縣 城東 鄉 六 保 [illegible]甲伍户

1. 機戶姓名 張成德　　2. 現在開工或停工 停

3. 機頭若干：鐵機 壹　　架木機　　架

4. 織機來源：自製 自　　或由何處購買

5. 有無僱工？　　人工資每人　　元計資方法

6. 原料：土紗或洋紗 洋紗　　購買地點 渝
　及方法

7. 三年內產量若干？　　今年增減情形及原因

8. 銷售方法：銷場　　佣金若干　　稅捐若干

9. 有無整染設備？　　整染方法
　整染費用

10. 產品：類別，寬布 拾 疋　窄布　　疋
　白布　　疋　藍布　　疋

附註：1. 八九兩項均以疋計算　2. 十項以月計算

中華平民教育促進會貢織部調查表之七（土布）

璧山縣　城東　鄉　六　保　伍甲二户

1. 機户姓名　曾伯盛　　2. 現在開工或停工　停

3. 機頭若干：鐵機　壹　架　木機　架

4. 織機來源：自製　自　或由何處購買

5. 有無僱工？　人工資每人　元　計資方法

6. 原料：土紗或洋紗　洋紗　購買地點　渝
及方法

7. 三年内產量若干？　今年增減情形及原因

8. 銷售方法：銷場　佣金若干　税捐若干

9. 有無整染設備？　整染方法
整染費用

10. 產品：類別，寬布　拾　疋　窄布　疋
白布　疋　藍布　疋

附註：1. 八九兩項均以疋計算　2. 十項以月計算

調查者　年　月　日

30

璧山县城东乡土布调查表　9-1-245（31）

璧山县城东乡土布调查表　9-1-245（32）

中華平民教育促進會實驗部調查表之七（土布）

璧山縣 城東 鄉 六 保 伍甲一户

1. 機户姓名 朱定國　2. 現在開工或停工 停
3. 機頭若干：鐵機 壹　架木機　架
4. 織機來源：自製 自　或由何處購買
5，有無僱工？　人工資每人　元計資方法
6，原料：土紗或洋紗 洋紗　購買地點 渝
及方法
7，三年内產量若干？　今年增減情形及原因
8，銷售方法：銷場　佣金若干　税捐若干
9，有無整染設備？　整染方法
整染費用
10，產品：類別，寬布 拾 疋　窄布　疋
白布　疋　藍布　疋

附註：1. 八九兩項均以疋計算　2. 十項以月"計"算

中華平民教育促進會實驗部調查表之七（土布）

璧山 縣 城東 鄉 六 保 伍甲一二户

1. 機户姓名 雷相國　　2. 現在開工或停工 停

3. 機頭若干：鐵機 弍　　架木機　　架

4. 織機來源：自製 自　　或由何處購買

5. 有無僱工？　　人工資每人　　元計資方法

6. 原料：土紗或洋紗 洋紗　　購買地點 渝
及方法

7. 三年内產量若干？　　今年增減情形及原因

8. 銷售方法：銷場　　佣金若干　　稅捐若干

9. 有無整染設備？　　整染方法
整染費用

10. 產品：類别，寬布 拾 疋　窄布　　疋
白布　　疋　藍布　　疋

附註：1. 八九兩項均以疋計算　2. 十項以月計算

調查者　　　年　　月　　日

璧山县城东乡土布调查表　9-1-245（33）

璧山县城东乡土布调查表　9-1-245（34）

中華平民教育促進會實驗部調查表之七（土布）

璧山縣　城東鄉　六　保　五甲一三八

1. 機戶姓名　雷炳煊　2. 現在開工或停工　停
3. 機頭若干：鐵機　贰　架木機　架
4. 織機來源：自製　自　或由何處購買
5. 有無僱工？　人工資每人　元計資方法
6. 原料：土紗或洋紗　洋紗　購買地點　渝
及方法
7. 三年內產量若干？　今年增減情形及原因
8. 銷售方法：銷場　佣金若干　稅捐若干
9. 有無整染設備？　整染方法
整染費用
10. 產品：類別，寬布　存　疋窄布　疋
白布　疋藍布　疋

附註：1. 八九兩項均以疋計算　2. 十項以月計算

中華平民教育促進會實驗部調查表之七（土布）

璧山縣 城東 鄉 六 保 陈甲一戶

1. 機戶姓名 廖金元　　2. 現在開工或停工 停

3. 機頭若干：鐵機 壹　　架木機　　架

4. 織機來源：自製 自　　或由何處購買

5. 有無僱工？　　人工資每人　　元計資方法

6. 原料：土紗或洋紗 洋紗　　購買地點 渝

及方法

7. 三年內產量若干？　　今年增減情形及原因

8. 銷售方法：銷場　　佣金若干　　稅捐若干

9. 有無整染設備？　　整染方法

整染費用

10. 產品：類別，寬布 拾 疋　窄布　　疋

白布　　疋　藍布　　疋

附註：1. 八九兩項均以疋計算　2. 十項以月"計"算

調查者　　　年　　月　　日

璧山县城东乡土布调查表　9-1-245（35）

璧山县城东乡土布调查表　9-1-245（36）

中華平民教育促進會實驗部調查表之七（土布）

璧山 縣 城東 鄉 六 保 六甲四户

1. 機户姓名 史清云　　2. 現在開工或停工 停

3. 機頭若干：鐵機 壹　　架木機　　架

4. 織機來源：自製 自　　或由何處購買

5. 有無僱工？　　人工資每人　　元計資方法

6. 原料：土紗或洋紗 洋紗　　購買地點 渝
及方法

7. 三年內產量若干？　　今年增減情形及原因

8. 銷售方法：銷場　　佣金若干　　税捐若干

9. 有無整染設備？　　整染方法
整染費用

10. 產品：類别，寬布 拾 疋窄布　　疋
白布　　疋藍布　　疋

附註：1. 八九兩項均以疋計算　2. 十項以月計算

36

中華平民教育促進會實驗部調查表之七（土布）

璧山縣 城東 鄉 六 保 六甲三户

1. 機户姓名 雷祥雲　　2. 現在開工或停工 停

3. 機頭若干：鐵機 弍 架　木機 架

4. 織機來源：自製 自　或由何處購買

5. 有無僱工？　人工資每人 元　計資方法

6. 原料：土紗或洋紗 洋紗。　購買地點 渝

及方法

7. 三年內產量若干？　今年增減情形及原因

8. 銷售方法：銷場　佣金若干　稅捐若干

9. 有無整染設備？　整染方法

整染費用

10. 產品：類別，寬布 拾 疋　窄布 疋

白布 疋　藍布 疋

附註：1. 八九兩項均以疋計算　2. 十項以月"計"算

調查者　年　月　日

璧山县城东乡土布调查表　9-1-245（38）

中華平民教育促進會實驗部調查表之七（土布）

璧山縣城東鄉六保六甲五户

1. 機户姓名雷裕山　　2. 現在開工或停工停

3. 機頭若干：鐵機壹　架木機　架

4. 織機來源：自製自　或由何處購買

5. 有無僱工？　人工資每人　元計資方法

6. 原料：土紗或洋紗洋紗　購買地點渝

及方法

7. 三年内產量若干？　今年增减情形及原因

8. 銷售方法：銷場　佣金若干　税捐若干

9. 有無整染設備？　整染方法

整染費用

10. 產品：類别，寬布拾疋　窄布　疋

白布　疋　藍布一　疋

附註：1. 八九兩項均以疋計算　2. 十項以月"計"算

38

中華平民教育促進會實驗部調查表之七（土布）

璧山 縣 城東 鄉 六 保 伍甲十五户

1. 機户姓名 吴德山　2. 現在開工或停工 停

3. 機頭若干：鐵機 壹 架 木機 架

4. 織機來源：自製 自 或由何處購買

5. 有無僱工？ 人工資每人 元 計資方法

6. 原料：土紗或洋紗 洋紗 購買地點 渝

及方法

7、三年內產量若干？ 今年增減情形及原因

8，銷售方法：銷場 佣金若干 稅捐若干

9，有無整染設備？ 整染方法

整染費用

10，產品：類別，寬布 拾 疋 窄布 疋

白布 疋 藍布 疋

附註：1. 八九兩項均以疋計算　2. 十項以月計算

調查者　年　月　日

璧山县城东乡土布调查表　9-1-245（39）

璧山县城东乡土布调查表　9-1-245（40）

中華平民教育促進會實驗部調查表之七（土布）

璧山縣 城東 鄉 六 保 六甲一四户

1. 機户姓名 雷楊氏　　2. 現在開工或停工 停

3. 機頭若干：鐵機 壹 架木機 架

4. 織機來源：自製 自 或由何處購買

5. 有無僱工？ 人工資每人 元計資方法

6. 原料：土紗或洋紗 洋紗 購買地點 渝

及方法

7. 三年內產量若干？ 今年增減情形及原因

8. 銷售方法：銷場 佣金若干 稅捐若干

9. 有無整染設備？ 整染方法

整染費用

10. 產品：類別，寬布 拾 疋窄布 疋

白布 疋藍布 疋

附註：1. 八九兩項均以疋計算　2. 十項以月計算

中華平民教育促進會實驗部調查表之七（土布）

璧山 縣 城東 鄉 六 保 六甲一九户

1. 機户姓名 徐培根　　2. 現在開工或停工 停

3. 機頭若干：鐵機 无　　架木機　　架

4. 織機來源：自製 自　　或由何處購買

5. 有無僱工？　　人工資每人　　元計資方法

6. 原料：土紗或洋紗 洋紗　　購買地點 渝

　　及方法

7. 三年內產量若干？　　今年增減情形及原因

8. 銷售方法：銷場　　佣金若干　　稅捐若干

9. 有無整染設備？　　整染方法

　　整染費用

10. 產品：類別，寬布 拾 疋　窄布　　疋

　　白布　　疋　藍布　　疋

附註：1. 八九兩項均以疋計算　2. 十項以月計算

調查者　　　　年　　月　　日

40

璧山县城东乡土布调查表　9-1-245（41）

璧山县城东乡土布调查表　9-1-245（42）

中華平民教育促進會實驗部調查表之七（土布）

璧山縣　城東鄉　六保　七甲　十二户

1. 機户姓名　尹從義　2. 現在開工或停工　停

3. 機頭若干：鐵機　弍　架木機　架

4. 織機來源：自製　自　或由何處購買

5，有無僱工？　人工資每人　元計資方法

6，原料：土紗或洋紗　洋紗　購買地點　簡

及方法

7，三年內產量若干？　今年增減情形及原因

8，銷售方法：銷場　佣金若干　稅捐若干

9，有無整染設備？　整染方法

整染費用

10，產品：類别，寬布　拾　疋窄布　疋

白布　疋藍布　疋

附註：1. 八九兩項均以疋計算　2. 十項以月"計"算

中華平民教育促進會實驗部調查表之七（土布）

璧山 縣 城東 鄉 六 保 七甲六户

1. 機户姓名 羅刘氏　　2. 現在開工或停工 停

3. 機頭若干：鐵機 壹　架木機　架

4. 織機來源：自製 自　或由何處購買

5. 有無僱工？　人工資每人　元計資方法

6. 原料：土紗或洋紗 洋纱　購買地點 渝

　及方法

7. 三年內產量若干？　今年增減情形及原因

8. 銷售方法：銷場　佣金若干　稅捐若干

9. 有無整染設備？　整染方法

　整染費用

10. 產品：類別，寬布 拾 疋窄布　疋

　白布　疋藍布　疋

附註：1. 八九兩項均以疋計算　2. 十項以月"計"算

調查者　年　月　日

43

璧山县城东乡土布调查表　9-1-245（43）

壁山县城东乡土布调查表　9-1-245（44）

中華平民教育促進會實驗部調查表之七（土布）

壁山縣城東鄉六保七甲三户

1. 機户姓名吳清和　　2. 現在開工或停工停

3. 機頭若干：鐵機式　架木機　架

4. 織機來源：自製自。或由何處購買

5. 有無僱工？　人工資每人　元計資方法

6. 原料：土紗或洋紗洋紗　購買地點渝

及方法

7. 三年内產量若干？　今年增減情形及原因

8. 銷售方法：銷場　佣金若干　稅捐若干

9. 有無整染設備？　整染方法

整染費用

10. 產品：類别，寬布拾疋窄布　疋

白布　疋藍布　疋

附註：1. 八九兩項均以疋計算　2. 十項以月計算

中華平民教育促進會實驗部調查表之七（土布）

璧山縣 城東 鄉 六 保 九甲二户

1. 機户姓名 王海林　　2. 現在開工或停工 停

3. 機頭若干：鐵機 弍　　架木機　　架

4. 織機來源：自製 自　　或由何處購買

5. 有無僱工？　　人工資每人　　元計資方法

6. 原料：土紗或洋紗 洋紗　　購買地點 渝

　　及方法

7. 三年内產量若干？　　今年增減情形及原因

8. 銷售方法：銷場　　佣金若干　　稅捐若干

9. 有無整染設備？　　整染方法

　　整染費用

10. 產品：類別，寬布 拾 疋　窄布　　疋

　　白布　　疋　藍布　　疋

附註：1. 八九兩項均以疋計算　2. 十項以月"計"算

調查者　　　　年　　月　　日

璧山县城东乡土布调查表　9-1-245（45）

璧山县城东乡土布调查表 9-1-245（46）

中華平民教育促進會實驗部調查表之七（土布）

璧山縣 城東 鄉 六 保 九甲三户

1. 機户姓名 陳恆清　2. 現在開工或停工 停

3. 機頭若干：鐵機 壹 架 木機 架

4. 織機來源：自製 自 或由何處購買

5. 有無僱工？ 人工資每人 元 計資方法

6. 原料：土紗或洋紗 洋紗 購買地點 渝
及方法

7. 三年內產量若干？ 今年增減情形及原因

8. 銷售方法：銷場 佣金若干 稅捐若干

9. 有無整染設備？ 整染方法
整染費用

10. 產品：類別，寬布 拾 疋 窄布 疋
白布 疋 藍布 疋

附註：1. 八九兩項均以疋計算　2. 十項以月"計"算

中華平民教育促進會實驗部調查表之七（土布）

璧山 縣 城東 鄉 六 保 九甲四户

1. 機户姓名 石祥光　　2. 現在開工或停工 停

3. 機頭若干：鐵機 壹　　架木機 一 架

4. 織機來源：自製 自　　或由何處購買

5. 有無僱工？　　人工資每人　　元計資方法

6. 原料：土紗或洋紗 洋紗　　購買地點 渝

　　及方法

7. 三年內產量若干？　　今年增減情形及原因

8. 銷售方法：銷場　　佣金若干　　稅捐若干

9. 有無整染設備？　　整染方法

　　整染費用

10. 產品：類別，寬布 拾 疋　　窄布　　疋

　　白布　　疋　　藍布　　疋

附註：1. 八九兩項均以疋計算　　2. 十項以月"計"算

調查者　　年　　月　　日

40

璧山县城东乡土布调查表　9-1-245（47）

璧山县城东乡土布调查表　9-1-245（48）

中華平民教育促進會實驗部調查表之七（土布）

璧山縣　城東　鄉　六　保　八甲一三戶

1. 機戶姓名　尹龔氏　　2. 現在開工或停工　停

3. 機頭若干：鐵機　貳　　架木機　　架

4. 織機來源：自製　自　　或由何處購買

5. 有無僱工？　　人工資每人　　元計資方法

6. 原料：土紗或洋紗　洋紗　　購買地點　渝

及方法

7. 三年內產量若干？　　今年增減情形及原因

8. 銷售方法：銷場　　佣金若干　　稅捐若干

9. 有無整染設備？　　整染方法

整染費用

10. 產品：類別，寬布　拾　疋　窄布　　疋

白布　　疋　藍布　　疋

附註：1. 八九兩項均以疋計算　2. 十項以月"計"算

48

中華平民教育促進會實驗部調查表之七（土布）

壁山縣 城東 鄉 六 保 八甲十户

1. 機户姓名 尹馮氏　　2. 現在開工或停工 停

3. 機頭若干：鐵機 弍　架木機　架

4. 織機來源：自製 自　或由何處購買

5. 有無僱工？　人工資每人　元計資方法

6. 原料：土紗或洋紗 洋紗　購買地點 渝

及方法

7. 三年內產量若干？　今年增減情形及原因

8. 銷售方法：銷場　佣金若干　稅捐若干

9. 有無整染設備？　整染方法

整染費用

10. 產品：類別，寬布 拾 疋　窄布　疋

白布　疋　藍布　疋

附註：1. 八九兩項均以疋計算　2. 十項以月計算

調查者　年　月　日

壁山县城东乡土布调查表　9-1-245（49）

璧山县城东乡土布调查表 9-1-245（50）

中華平民教育促進會實驗部調查表之七（土布）

璧山縣 城東 鄉 六 保 八甲一四户

1. 機户姓名 戚子缙　　2. 現在開工或停工 停

3. 機頭若干：鐵機 弍　　架木機　　架

4. 織機來源：自製 自　　或由何處購買

5. 有無僱工？　人工資每人　元計資方法

6. 原料：土紗或洋紗 洋紗　購買地點 渝

　及方法

7. 三年内產量若干？　　今年增减情形及原因

8. 銷售方法：銷場　　佣金若干　　稅捐若干

9. 有無整染設備？　　整染方法

　整染費用

10. 產品：類別，寬布 弍拾 疋　窄布　　疋

　白布　　疋　藍布　　疋

附註：1. 八九兩項均以疋計算　2. 十項以月計算

中華平民教育促進會實驗部調查表之七（土布）

璧山縣 城東 鄉 六 保 八甲一五户

1. 機戶姓名 梁銀廷　　2. 現在開工或停工 停

3. 機頭若干：鐵機 壹 架木機 架

4. 織機來源：自製 自 或由何處購買

5. 有無僱工？ 人工資每人 元計資方法

6. 原料：土紗或洋紗 洋紗 購買地點 渝

　及方法

7. 三年內產量若干？ 今年增減情形及原因

8. 銷售方法：銷場 佣金若干 稅捐若干

9. 有無整染設備？ 整染方法

　整染費用

10. 產品：類別，寬布 拾 疋窄布 疋

　白布 疋藍布 疋

附註：1. 八九兩項均以疋計算　2. 十項以月"計"算

調查者　年　月　日

璧山县城东乡土布调查表 9-1-245（52）

中華平民教育促進會實驗部調查表之七（土布）

璧山縣 城東鄉 六保 八甲一壹户

1. 機户姓名 張西朝　　2. 現在開工或停工 停

3. 機頭若干：鐵機　架 木機　架

4. 織機來源：自製 自　或由何處購買

5. 有無僱工？　人工資每人　元 計資方法

6. 原料：土紗或洋紗 洋紗　購買地點 渝
及方法

7. 三年內產量若干？　今年增減情形及原因

8. 銷售方法：銷場　佣金若干　稅捐若干

9. 有無整染設備？　整染方法
整染費用

10. 產品：類別，寬布 拾 疋 窄布　疋
白布　疋 藍布　疋

附註：1. 八九兩項均以疋計算　2. 十項以月"計"算

中華平民教育促進會實驗部調查表之七（土布）

璧山 縣 城東 鄉 六 保 八甲一二户

1. 機户姓名 馮光全　　2. 現在開工或停工 停

3. 機頭若干：鐵機 壹 架 木機 架

4. 織機來源：自製 自 或由何處購買

5. 有無僱工？ 人 工資每人 元 計資方法

6. 原料：土紗或洋紗 洋紗 購買地點 渝

及方法

7. 三年內產量若干？ 今年增減情形及原因

8. 銷售方法：銷場 佣金若干 稅捐若干

9. 有無整染設備？ 整染方法

整染費用

10. 產品：類別，寬布 拾 疋 窄布 疋

白布 疋 藍布 疋

附註：1. 八九兩項均以疋計算　2. 十項以月計算

調查者　　年　　月　　日

璧山县城东乡土布调查表　9-1-245（53）

璧山县城东乡土布调查表　9-1-245（54）

中華平民教育促進會實驗部調查表之七（土布）

璧山縣　城東　鄉　六　保　八甲二户

1. 機戶姓名　彭亮清　　2. 現在開工或停工　停

3. 機頭若干：鐵機　弍　架　木機　　架

4. 織機來源：自製　自　或由何處購買

5. 有無僱工？　人工資每人　　元　計資方法

6. 原料：土紗或洋紗　洋紗　購買地點　渝

　及方法

7. 三年內產量若干？　　今年增減情形及原因

8. 銷售方法：銷場　　佣金若干　　稅捐若干

9. 有無整染設備？　　整染方法

　整染費用

10. 產品：類別，寬布　拾　疋　窄布　　疋

　白布　　疋　藍布　　疋

附註：1. 八九兩項均以疋計算　2. 十項以月計算

54

中華平民教育促進會實驗部調查表之七（土布）

璧山 縣 城東 鄉 六 保 八甲六户

1. 機户姓名 石培光　　2. 現在開工或停工 停

3. 機頭若干：鐵機 壹 架　木機 架

4. 織機來源：自製 自　或由何處購買

5. 有無僱工？　人工資每人 元　計資方法

6. 原料：土紗或洋紗 洋紗　購買地點 渝

　及方法

7. 三年內產量若干？　今年增減情形及原因

8. 銷售方法：銷場　佣金若干　稅捐若干

9. 有無整染設備？　整染方法

　整染費用

10. 產品：類別，寬布 拾 疋　窄布 疋

　白布 疋　藍布 疋

附註：1. 八九兩項均以疋計算　2. 十項以月計算

調查者　　年　月　日

璧山县城东乡土布调查表 9-1-245（56）

中華平民教育促進會實驗部調查表之七（土布）

璧山 縣 城東 鄉 六 保 八甲九户

1. 機戶姓名 王德勝　　2. 現在開工或停工 停

3. 機頭若干：鐵機 貳 架 木機 架

4. 織機來源：自製 自 或由何處購買

5. 有無雇工？ 人工資每人 元 計資方法

6. 原料：土紗或洋紗 洋紗 購買地點 渝

及方法

7. 三年內產量若干？ 今年增減情形及原因

8. 銷售方法：銷場 佣金若干 稅捐若干

9. 有無整染設備？ 整染方法

整染費用

10. 產品：類別，寬布 拾 疋 窄布 疋

白布 疋 藍布 疋

附註：1. 八九兩項均以疋計算　2. 十項以月計算

中華平民教育促進會實驗部調查表之七（土布）

璧山縣 城東 鄉 六 保 九甲

1. 機户姓名 林海臣　　2. 現在開工或停工 停

3. 機頭若干：鐵機 壹 架 木機 架

4. 織機來源：自製 自　　或由何處購買

5. 有無僱工？　人 工資每人　元 計資方法

6. 原料：土紗或洋紗 洋紗　　購買地點 渝

及方法

7、三年内產量若干？　　今年增減情形及原因

8、銷售方法：銷場　　佣金若干　　稅捐若干

9、有無整染設備？　　整染方法

整染費用

10、產品：類别，寬布 拾 疋 窄布　疋

白布　疋 藍布　疋

附註：1. 八九兩項均以疋計算　2. 十項以月"計"算

調查者　　年　月　日

璧山县城东乡土布调查表　9-1-245（57）

璧山县城东乡土布调查表　9-1-245（58）

中華平民教育促進會實驗部調查表之七（土布）

璧山縣 城東 鄉 六 保 九甲八户

1. 機户姓名 李兴全　　2. 現在開工或停工 停

3. 機頭若干：鐵機 一 架 木機 架

4. 織機來源：自製 自 或由何處購買

5. 有無僱工？ 人工資每人 元 計資方法

6. 原料：土紗或洋紗 洋紗 購買地點 渝

及方法

7. 三年内產量若干？ 今年增減情形及原因

8. 銷售方法：銷場 佣金若干 稅捐若干

9. 有無整染設備？ 整染方法

整染費用

10. 產品：類別，寬布 拾 疋 窄布 疋

白布 疋 藍布 疋

附註：1. 八九兩項均以疋計算　2. 十項以月"計"算

51

中華平民教育促進會實驗部調查表之七（土布）

璧山縣城東鄉六保九甲

1. 機戶姓名林海州　2. 現在開工或停工停

3. 機頭若干：鐵機壹　架木機　架

4. 織機來源：自製自　或由何處購買

5，有無僱工？　人工資每人　元計資方法

6. 原料：土紗或洋紗洋紗　購買地點渝

及方法

7、三年內產量若干？　今年增減情形及原因

8，銷售方法：銷場　佣金若干　稅捐若干

9，有無整染設備？　整染方法

整染費用

10，產品：類別，寬布拾疋窄布　疋

白布　疋藍布　疋

附註：1. 八九兩項均以疋計算　2. 十項以月"計"算

調查者　年　月　日

璧山县城东乡土布调查表　9-1-245（59）

璧山县城东乡土布调查表　9-1-245（60）

中華平民教育促進會實驗部調查表之七（土布）

璧山縣　城東　鄉　六　保　九甲九户

1. 機户姓名 鄒朝君　2. 現在開工或停工 停

3. 機頭若干：鐵機 貳　架木機　架

4. 織機來源：自製 自　或由何處購買

5. 有無僱工？　人工資每人　元計資方法

6. 原料：土紗或洋紗 洋紗　購買地點 渝
及方法

7. 三年内產量若干？　今年增減情形及原因

8. 銷售方法：銷場　佣金若干　税捐若干

9. 有無整染設備？　整染方法
整染費用

10. 產品：類别，寬布 二拾 疋　窄布　疋
白布　疋　藍布　疋

附註：1. 八九兩項均以疋計算　2. 十項以月"計"算

中華平民教育促進會實驗部調查表之七（土布）

璧山縣 城東 鄉 六 保 九甲一三户

1. 機户姓名 邱元楷　　2. 現在開工或停工 停

3. 機頭若干：鐵機 壹　架木機　架

4. 織機來源：自製 自　或由何處購買

5，有無傭工？　人工資每人　元計資方法

6，原料：土紗或洋紗 洋紗　購買地點 渝

　　及方法

7，三年內產量若干？　今年增減情形及原因

8，銷售方法：銷場　佣金若干　稅捐若干

9，有無整染設備？　整染方法

　　整染費用

10，產品：類別，寬布 拾 疋　窄布　疋

　　白布　疋　藍布　疋

附註：1. 八九兩項均以疋計算　2. 十項以月"計"算

調查者　　年　月　日

61

璧山县城东乡土布调查表　9-1-245（61）

璧山县城东乡土布调查表　9-1-245（62）

中華平民教育促進會實驗部調查表之七（土布）

璧山縣　城東　鄉　六　保九甲十户

1. 機户姓名 刘荣光　　2. 現在開工或停工 停

3. 機頭若干：鐵機 贰　架木機　架

4. 織機來源：自製 自　或由何處購買

5. 有無僱工？　人工資每人　元計資方法

6. 原料：土紗或洋紗 洋纱　購買地點 渝

及方法

7. 三年内產量若干？　今年增減情形及原因

8. 銷售方法：銷場　佣金若干　税捐若干

9. 有無整染設備？　整染方法

整染費用

10. 產品：類别，寬布 拾 疋 窄布　疋

白布　疋 藍布　疋

中華平民教育促進會實驗部調查表之七（土布）

璧山 縣 城東 鄉 六 保 十甲一四户

1. 機户姓名 雷仲芳　　2. 現在開工或停工 停

3. 機頭若干：鐵機 壹　　架木機　　架

4. 織機來源：自製 自　　或由何處購買

5. 有無僱工？　　人工資每人　　元計資方法

6. 原料：土紗或洋紗 洋紗　　購買地點 渝

及方法

7. 三年内產量若干？　　今年增減情形及原因

8. 銷售方法：銷場　　佣金若干　　税捐若干

9. 有無整染設備？　　整染方法

整染費用

10. 產品：類別，寬布 拾 疋　窄布　　疋

白布　　疋　藍布　　疋

附註：1. 八九兩項均以疋計算　2. 十項以月"計"算

調查者　　年　　月　　日

63

璧山县城东乡土布调查表　9-1-245（63）

璧山县城东乡土布调查表　9-1-245（64）

中華平民教育促進會實驗部調查表之七（土布）

璧山縣城東鄉六保七甲十一户

1. 機户姓名張海清　2. 現在開工或停工停
3. 機頭若干：鐵機壹架木機　架
4. 織機來源：自製自　或由何處購買
5. 有無僱工？　人工資每人　元計資方法
6. 原料：土紗或洋紗洋紗　購買地點渝
及方法
7. 三年内產量若干？　今年增減情形及原因
8. 銷售方法：銷場　佣金若干　税捐若干
9. 有無整染設備？　整染方法
整染費用
10. 產品：類别，寬布拾疋窄布　疋
白布　疋藍布　疋

附註：1. 八九兩項均以疋計算　2. 十項以月"計"算

中華平民教育促進會實驗部調查表之七（土布）

璧山縣 城東 鄉 六 保 七甲九户

1. 機户姓名 封玉兴　　2. 現在開工或停工 停

3. 機頭若干：鐵機 壹　　架 木機　　架

4. 織機來源：自製 自　　或由何處購買

5，有無僱工？　　人工資每人　　元 計資方法

6，原料：土紗或洋紗 洋纱，購買地點 渝

　　及方法

7，三年內產量若干？　　今年增減情形及原因

8，銷售方法：銷場　　佣金若干　　稅捐若干

9，有無整染設備？　　整染方法

　　整染費用

10，產品：類別，寬布 拾 疋 窄布　　疋

　　白布　　疋 藍布　　疋

附註：1. 八九兩項均以疋計算　2. 十項以月計算

調查者　　年　　月　　日

璧山县城东乡土布调查表　9-1-245（65）

璧山县城东乡土布调查表 9-1-245（66）

中華平民教育促進會實驗部調查表之七（土布）

璧山縣 城東 鄉 六 保 十甲十一户

1. 機户姓名 喻銀錢　2. 現在開工或停工 停
3. 機頭若干：鐵機 壹 架 木機 架
4. 織機來源：自製 自 或由何處購買
5. 有無僱工？ 人 工資每人 元 計資方法
6. 原料：土紗或洋紗 洋紗 購買地點 渝
及方法
7. 三年内產量若干？ 今年增減情形及原因
8. 銷售方法：銷場 佣金若干 税捐若干
9. 有無整染設備？ 整染方法
整染費用
10. 產品：類别，寬布 拾 疋 窄布 疋
白布 疋 藍布 疋

附註：1. 八九兩項均以疋計算　2. 十項以月計算

中華平民教育促進會實驗部調查表之七（土布）

璧山 縣 城東 鄉 六 保 十甲八户

1. 機户姓名 李樹柏　　2. 現在開工或停工 停

3. 機頭若干：鐵機 壹　　架 木機　　架

4. 織機來源：自製 自　　或由何處購買

5. 有無僱工？　　人 工資每人　　元 計資方法

6. 原料：土紗或洋紗 洋紗　　購買地點 渝

及方法

7. 三年内產量若干？　　今年增減情形及原因

8. 銷售方法：銷場　　佣金若干　　税捐若干

9. 有無整染設備？　　整染方法

整染費用

10. 產品：類別，寬布 拾 疋 窄布　　疋

白布　　疋 藍布　　疋

附註：1. 八九兩項均以疋計算　2. 十項以月計算

調查者　　年　　月　　日

璧山县城东乡土布调查表　9-1-245（67）

璧山县城东乡土布调查表　9-1-245（68）

中華平民教育促進會實驗部調查表之七（土布）

壁山縣　城東　鄉　六　保　十甲二户

1. 機户姓名　雷海雲　　2. 現在開工或停工　停

3. 機頭若干：鐵機　壹　架　木機　架

4. 織機來源：自製　自　　或由何處購買

5，有無僱工？　人　工資每人　元　計資方法

6. 原料：土紗或洋紗　洋紗　　購買地點　渝

及方法

7，三年内產量若干？　　今年增減情形及原因

8，銷售方法：銷場　　佣金若干　　稅捐若干

9，有無整染設備？　　整染方法

整染費用

10，產品：類別，寬布　拾　疋　窄布　疋

白布　疋　藍布　疋

附註：1. 八九兩項均以疋計算　2. 十項以月"計"算

中華平民教育促進會實驗部調查表之七（土布）

璧山縣 城東鄉 大 保 九甲十五戶

1. 機戶姓名 栄維益　　2. 現在開工或停工

3. 機頭若干：鐵機 弍 架 木機 架

4. 織機來源：自製 自 或由何處購買

5. 有無僱工？ 人工資每人 元 計資方法

6. 原料：土紗或洋紗 洋紗 購買地點

及方法

7. 三年內產量若干？ 今年增減情形及原因

8. 銷售方法：銷場 佣金若干 稅捐若干

9. 有無整染設備？ 整染方法

整染費用

10. 產品：類別，寬布 拾 疋 窄布 疋

白布 疋 藍布 疋

附註：1. 八九兩項均以疋計算　2. 十項以月計算

調查者　　年　　月　　日

璧山县城东乡土布调查表　9-1-245（69）

璧山县城东乡土布调查表　9-1-245（70）

中華平民教育促進會實驗部調查表之七（土布）

璧山　縣　城東　鄉　六　保　九甲十四户

1．機户姓名 喻銀清　　2．現在開工或停工 停
3．機頭若干：鐵機 壹 架　木機 架
4．織機來源：自製 自　或由何處購買
5，有無僱工？　人工資每人 元　計資方法
6，原料：土紗或洋紗 洋紗　購買地點 喻
　　及方法
7，三年内產量若干？　今年增減情形及原因
8，銷售方法：銷場　佣金若干　稅捐若干
9，有無整染設備？　整染方法
　　整染費用
10，產品：類別，寬布 捨 疋　窄布 疋
　　白布 疋　藍布 疋

附註：1．八九兩項均以疋計算　2．十項以月"計"算

70

中華平民教育促進會實驗部調查表之七（土布）

璧山縣 城東 鄉 六 保 十甲二〇户

1. 機户姓名 雷飛祿　　2. 現在開工或停工 停

3. 機頭若干：鐵機 弍 架　木機 架

4. 織機來源：自製 自　或由何處購買

5. 有無僱工？　人工資每人 元　計資方法

6. 原料：土紗或洋紗 洋紗　購買地點 渝　及方法

7. 三年內產量若干？　今年增減情形及原因

8. 銷售方法：銷場　佣金若干　稅捐若干

9. 有無整染設備？　整染方法　整染費用

10. 產品：類別，寬布 拾 疋　窄布 疋
白布 疋　藍布 疋

附註：1. 八九兩項均以疋計算　2. 十項以月"計"算

調查者　　年　　月　　日

璧山县城东乡土布调查表　9-1-245（72）

中華平民教育促進會實驗部調查表之七（土布）

璧山縣　城東鄉　六保　十一甲三戶

1. 機戶姓名　邱明興　2. 現在開工或停工

3. 機頭若干：鐵機　壹　架木機　架

4. 織機來源：自製　自　或由何處購買

5. 有無僱工？　人工資每人　元計資方法

6. 原料：土紗或洋紗　洋紗　購買地點　渝

及方法

7. 三年內產量若干？　今年增減情形及原因

8. 銷售方法：銷場　佣金若干　稅捐若干

9. 有無整染設備？　整染方法

整染費用

10. 產品：類別，寬布　拾　疋窄布　疋

白布　疋藍布　疋

附註：1. 八九兩項均以疋計算　2. 十項以月計算

中華平民教育促進會實驗部調查表之七（土布）

璧山縣 城東 鄉 二 保 十一甲五户

1. 機户姓名 邱明發　　2. 現在開工或停工 停

3. 機頭若干：鐵機 壹　　架木機　　架

4. 織機來源：自製 自　　或由何處購買

5. 有無僱工？　　人工資每人　　元計資方法

6. 原料：土紗或洋紗 洋紗　　購買地點 渝

及方法

7. 三年內產量若干？　　今年增減情形及原因

8. 銷售方法：銷場　　佣金若干　　税捐若干

9. 有無整染設備？　　整染方法

整染費用

10. 產品：類別，寬布 拾 疋　窄布　　疋

白布　　疋　藍布　　疋

附註：1. 八九兩項均以疋計算　2. 十項以月"計"算

調查者　　年　　月　　日

璧山县城东乡土布调查表　9-1-245（73）

璧山县城东乡土布调查表　9-1-245（74）

中華平民教育促進會實驗部調查表之七（土布）

璧山縣　城東　鄉　六　保　十一甲四户

1. 機户姓名　邱德祿　　2. 現在開工或停工　停

3. 機頭若干：鐵機　壹　架　木機　架

4. 織機來源：自製　自　或由何處購買

5. 有無僱工？　人　工資每人　元　計資方法

6. 原料：土紗或洋紗　洋紗　購買地點　渝

及方法

7. 三年内產量若干？　今年增减情形及原因

8. 銷售方法：銷場　佣金若干　税捐若干

9. 有無整染設備？　整染方法

整染費用

10. 產品：類別，寬布　拾　疋　窄布　疋

白布　疋　藍布　疋

附註：1、本表價均以元計算　2、十項以月"計"算

中華平民教育促進會實驗部調查表之七（土布）

壁山 縣 城東 鄉 六 保 十一甲六户

1. 機户姓名 譚甬瑜　　2. 現在開工或停工 停

3. 機頭若干：鐵機 弍　　架木機　　架

4. 織機來源：自製 有　　或由何處購買

5，有無僱工？　　人工資每人　　元計資方法

6，原料：土紗或洋紗 洋紗　　購買地點 渝

及方法

7、三年內產量若干？　　今年增減情形及原因

8，銷售方法：銷場　　佣金若干　　稅捐若干

9，有無整染設備？　　整染方法

整染費用

10，產品：類別，寬布 拾　　疋窄布　　疋

白布　　疋藍布　　疋

附註：1. 八九兩項均以疋計算　2. 十項以月"計"算

調查者　　年　　月　　日

74

壁山县城东乡土布调查表　9-1-245（75）

璧山县城东乡土布调查表　9-1-245（76）

中華平民教育促進會實驗部調查表之七（土布）

璧山縣　城東　鄉　六　保　十一甲九户

1. 機户姓名　譚澤仁　　2. 現在開工或停工　停

3. 機頭若干：鐵機　弍　架木機　　架

4. 織機来源：自製　自　或由何處購買

5，有無僱工？　人工資每人　元計資方法

6，原料：土紗或洋紗　洋紗　購買地點　渝

及方法

7，三年内產量若干？　今年增減情形及原因

8，銷售方法：銷場　佣金若干　税捐若干

9，有無整染設備？　整染方法

整染費用

10，產品：類别，寬布　拾　疋窄布　疋

白布　疋藍布　疋

附註：1. 八九兩項均以疋計算　2. 十項以月"計"算

中華平民教育促進會實驗部調查表之七（土布）

璧山縣城東鄉六保十一甲八户

1. 機户姓名譚開理　　2. 現在開工或停工停

3. 機頭若干：鐵機貳架木機架

4. 織機來源：自製自或由何處購買

5. 有無僱工？人工資每人元計資方法

6. 原料：土紗或洋紗洋紗　購買地點渝

及方法

7. 三年内產量若干？　今年增減情形及原因

8. 銷售方法：銷場　佣金若干　稅捐若干

9. 有無整染設備？　整染方法

整染費用

10. 產品：類别，寬布拾疋窄布疋

白布疋藍布疋

附註：1. 八九兩項均以疋計算　2. 十項以月"計"算

調查者　年　月　日

76

璧山县城东乡土布调查表　9-1-245（77）

璧山县城东乡土布调查表 9-1-245（78）

中華平民教育促進會實驗部調查表之七（土布）

璧山縣 城東鄉 六 保 十一甲四户

1. 機戶姓名 張國良　　2. 現在開工或停工 停

3. 機頭若干：鐵機 壹 架木機 架

4. 織機來源：自製 或由何處購買

5，有無僱工？ 人工資每人 元計資方法

6，原料：土紗或洋紗 洋紗 購買地點 璧山

及方法

7，三年內產量若干？ 今年增減情形及原因

8，銷售方法：銷場 佣金若干 稅捐若干

9，有無整染設備？ 整染方法

整染費用

10，產品：類別，寬布 拾 疋窄布 疋

白布 疋藍布 疋

中華平民教育促進會實驗部調查表之七（土布）

璧山 縣 城東 鄉 六 保 十一甲十一户

1. 機户姓名 周治清　　2. 現在開工或停工 停

3. 機頭若干：鐵機 弍 架木機 架

4. 織機來源：自製 自 或由何處購買

5. 有無僱工？ 人工資每人 元計資方法

6. 原料：土紗或洋紗 洋紗 購買地點 渝

及方法

7. 三年内產量若干？ 今年增減情形及原因

8. 銷售方法：銷場 佣金若干 稅捐若干

9. 有無整染設備？ 整染方法

整染費用

10. 產品：類別，寬布 拾 疋 窄布 疋

白布 疋 藍布 疋

附註：1. 八九兩項均以疋計算　2. 十項以月"計"算

調查者　　年　　月　　日

78

璧山县城东乡土布调查表　9-1-245（79）

璧山县城东乡土布调查表 9-1-245（80）

中華平民教育促進會實驗部調查表之七（土布）

璧山縣 城東 鄉 六 保 十一甲十六户

1. 機户姓名 周陳氏　2. 現在開工或停工 停

3. 機頭若干：鐵機 壹 架 木機 架

4. 織機來源：自製 自 或由何處購買

5. 有無僱工？ 人工資每人 元 計資方法

6. 原料：土紗或洋紗 洋紗 購買地點 渝 及方法

7. 三年內產量若干？ 今年增减情形及原因

8. 銷售方法：銷場 佣金若干 税捐若干

9. 有無整染設備？ 整染方法 整染費用

10. 產品：類别，寬布 拾 疋 窄布 疋 白布 疋 藍布 疋

附註：1. 八九兩項均以疋計算　2. 十項以月"計"算

19

中華平民教育促進會實驗部調查表之七（土布）

璧山 縣 城東 鄉 六 保 十一甲十四户

1. 機户姓名 陳永清　　2. 現在開工或停工 停

3. 機頭若干：鐵機 弍　架 木機　架

4. 織機來源：自製 自　或由何處購買

5, 有無僱工？　人 工資每人　元 計資方法

6. 原料：土紗或洋紗 洋紗　購買地點 渝
　　及方法

7, 三年內產量若干？　　今年增減情形及原因

8, 銷售方法：銷場　　佣金若干　　稅捐若干

9, 有無整染設備？　　整染方法
　　整染費用

10, 產品：類別，寬布 拾 疋 窄布　疋
　　白布　疋 藍布　疋

附註：1. 八九兩項均以疋計算　2. 十項以月"計"算

調查者　　年　月　日

璧山县城东乡土布调查表　9-1-245（81）

璧山县城东乡土布调查表 9-1-245（82）

中華平民教育促進會實驗部調查表之七（土布）

璧山縣 城東 鄉 六 保 十一甲一三户

1. 機户姓名 邱陳氏　　2. 現在開工或停工 停

3. 機頭若干：鐵機 弍 架 木機 架

4. 織機來源：自製 自 或由何處購買

5，有無僱工？ 人 工資每人 元 計資方法

6，原料：土紗或洋紗 洋紗 購買地點 渝

及方法

7，三年内產量若干？ 今年增減情形及原因

8，銷售方法：銷場 佣金若干 稅捐若干

9，有無整染設備？ 整染方法

整染費用

10，產品：類別，寬布 拾 疋 窄布 疋

白布 疋 藍布 疋

附註：1. 八九兩項均以疋計算　2. 十項以月"計"算

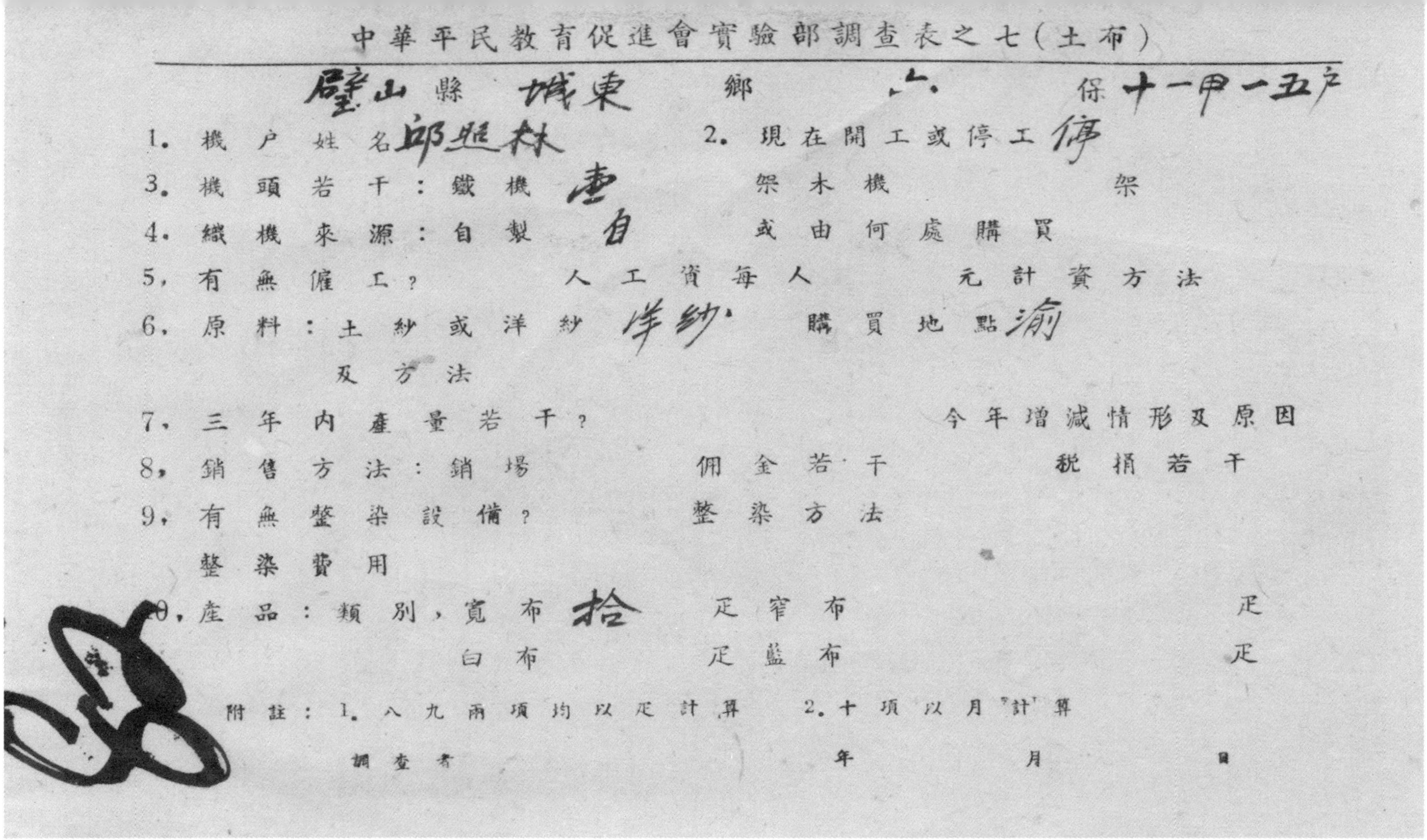
中華平民教育促進會實驗部調查表之七（土布）

璧山縣 城東 鄉 六 保 十一甲一五户

1. 機户姓名 郎娃林　　2. 現在開工或停工 停

3. 機頭若干：鐵機 壹 架木機 架

4. 織機來源：自製 自 或由何處購買

5，有無僱工？ 人工資每人 元計資方法

6，原料：土紗或洋紗 洋紗 購買地點 渝
及方法

7，三年內產量若干？ 今年增減情形及原因

8，銷售方法：銷場 佣金若干 税捐若干

9，有無整染設備？ 整染方法
整染費用

10，產品：類別，寬布 拾 疋窄布 疋
白布 疋藍布 疋

附註：1. 八九兩項均以疋計算　2. 十項以月"計"算

調查者　　年　月　日

璧山县城东乡土布调查表　9-1-245（83）

璧山县城东乡土布调查表　9-1-245（84）

中華平民教育促進會實驗部調查表之七（土布）

璧山縣　城東　鄉　六　保　十一甲一二户

1. 機户姓名　周海清　2. 現在開工或停工　停
3. 機頭若干：鐵機　壹　架木機　架
4. 織機來源：自製　自　或由何處購買
5，有無僱工？　人工資每人　元計資方法
6，原料：土紗或洋紗　洋紗　購買地點　渝
及方法
7，三年內產量若干？　今年增減情形及原因
8，銷售方法：銷場　佣金若干　税捐若干
9，有無整染設備？　整染方法
整染費用
10，產品：類别，寬布　拾　疋窄布　疋
白布　疋藍布　疋

附註：1. 八九兩項均以疋計算　2. 十項以月計算

中華平民教育促進會實驗部調查表之七（土布）

璧山縣 城東 鄉 六 保 十一甲十七户

1. 機户姓名 陳炳全　　2. 現在開工或停工 停

3. 機頭若干：鐵機 壹　　架木機　　架

4. 織機來源：自製 自　　或由何處購買

5. 有無僱工？　　人工資每人　　元計資方法

6. 原料：土紗或洋紗 洋紗　　購買地點 渝

及方法

7. 三年内產量若干？　　今年增減情形及原因

8. 銷售方法：銷場　　佣金若干　　税捐若干

9. 有無整染設備？　　整染方法

整染費用

10. 產品：類别，寬布 拾 疋窄布　　疋

白布　　疋藍布　　疋

附註：1. 八九兩項均以疋計算　2. 十項以月計算

調查者　　年　　月　　日

84

璧山县城东乡土布调查表　9-1-245（85）

璧山县城东乡土布调查表 9-1-245（86）（88）

中華平民教育促進會實驗部調查表之七（土布）

璧山縣 城東 鄉 六 保 十甲十六户

1. 機户姓名 楊文彬 2. 現在開工或停工 停

3. 機頭若干：鐵機 弍 架 木機 架

4. 織機來源：自製 自 或由何處購買

5. 有無僱工？ 人工資每人 元 計資方法

6. 原料：土紗或洋紗 洋紗 購買地點 渝

及方法

7. 三年内產量若干？ 今年增減情形及原因

8. 銷售方法：銷場 佣金若干 稅捐若干

9. 有無整染設備？ 整染方法

整染費用

10. 產品：類別，寬布 拾 疋 窄布 疋

白布 疋 藍布 疋

附註：1. 八九兩項均以疋計算 2. 十項以月計算

中華平民教育促進會實驗部調查表之七（土布）

璧山縣 城東 鄉 六 保 十一甲十八戶

1. 機戶姓名 郎志鈞　　2. 現在開工或停工 停

3. 機頭若干：鐵機 壹 架 木機 架

4. 織機來源：自製 自 或由何處購買

5，有無僱工？ 人 工資每人 元 計資方法

6，原料：土紗或洋紗 洋紗 購買地點 渝 及方法

7，三年內產量若干？ 今年增減情形及原因

8，銷售方法：銷場 佣金若干 稅捐若干

9，有無整染設備？ 整染方法 整染費用

10，產品：類別，寬布 拾 疋 窄布 疋

白布 疋 藍布 疋

附註：1. 八九兩項均以疋計算　2. 十項以月"計"算

調查者　　年　　月　　日

璧山县城东乡土布调查表　9-1-245（87）

璧山县城东乡土布调查表　9-1-245（89）

中華平民教育促進會實驗部調查表之七（土布）

璧山縣城東鄉六保十一甲十八户

1. 機户姓名 譚榮化　2. 現在開工或停工

3. 機頭若干：鐵機 弍　架木機　架

4. 織機來源：自製 自　或由何處購買

5，有無僱工？　人工資每人　元計資方法

6，原料：土紗或洋紗 洋紗　購買地點

及方法

7，三年內產量若干？　今年增減情形及原因

8，銷售方法：銷場　佣金若干　稅捐若干

9，有無整染設備？　整染方法

整染費用

10，產品：類別，寬布 拾　疋窄布　疋

白布，　疋藍布　疋

附註：1. 八九兩項均以疋計算　2. 十項以月"計"算

年　月　日

中華平民教育促進會實驗部調查表之七（土布）

璧山縣 城東 鄉 六 保 十二甲十四户

1. 機户姓名 蔣樹華　　2. 現在開工或停工 停

3. 機頭若干：鐵機 壹　　架木機　　架

4. 織機來源：自製 自　　或由何處購買

5，有無僱工？　　人工資每人　　元計資方法

6，原料：土紗或洋紗 洋紗　　購買地點 渝

及方法

7，三年內產量若干？　　今年增減情形及原因

8，銷售方法：銷場　　佣金若干　　稅捐若干

9，有無整染設備？　　整染方法

整染費用

10，產品：類別，寬布 拾 疋 窄布　　疋

白布　　疋 藍布　　疋

附註：1. 八九兩項均以疋計算　2. 十項以月"計"算

調查者　　年　　月　　日

璧山县城东乡土布调查表　9-1-245（90）

璧山县城东乡土布调查表　9-1-245（91）

中華平民教育促進會實驗部調查表之七（土布）

璧山縣　城東鄉　大　保　十二甲　户

1. 機户姓名　邱林澤　2. 現在開工或停工

3. 機頭若干：鐵機　壹　架木機　架

4. 織機來源：自製　自　或由何處購買

5. 有無僱工？　人工資每人　元計資方法

6. 原料：土紗或洋紗　洋紗　購買地點

及方法

7. 三年内產量若干？　今年增減情形及原因

8. 銷售方法：銷場　佣金若干　稅捐若干

9. 有無整染設備？　整染方法

整染費用

10. 產品：類別，寬布　拾　疋窄布　疋

白布　疋藍布　疋

附註：1. 八九兩項均以疋計算　2. 十項以月"計"算

調查者　年　月　日

中華平民教育促進會實驗部調查表之七（土布）

璧山縣 城東 鄉 大 保 十二甲 十一戶

1. 機戶姓名 蔣吉荣　2. 現在開工或停工

3. 機頭若干：鐵機 弍 架 木機 架

4. 織機來源：自製 自 或由何處購買

5. 有無雇工？ 人 工資每人 元 計資方法

6. 原料：土紗或洋紗 洋紗 購買地點 滿

及方法

7. 三年內產量若干？ 今年增減情形及原因

8. 銷售方法：銷場 佣金若干 稅捐若干

9. 有無整染設備？ 整染方法

整染費用

10. 產品：類別，寬布 抬 疋 窄布 疋

白布 疋 藍布 疋

附註：1. 八九兩項均以疋計算　2. 十項以月計算

調查者 年 月 日

90

璧山县城东乡土布调查表　9-1-245（92）

璧山县城东乡土布调查表　9-1-245（93）

中華平民教育促進會實驗部調查表之七（土布）

璧山 縣 城東 鄉 大 保 十三甲九户

1. 機户姓名 萧連雲　2. 現在開工或停工

3. 機頭若干：鐵機 壹 架木機 架

4. 織機來源：自製 自 或由何處購買

5. 有無僱工？ 人工資每人 元計資方法

6. 原料：土紗或洋紗 洋紗 購買地點 渝

及方法

7. 三年內產量若干？ 今年增減情形及原因

8. 銷售方法：銷場 佣金若干 稅捐若干

9. 有無整染設備？ 整染方法

整染費用

10. 產品：類别，寬布 拾 疋窄布 疋

白布 疋藍布 疋

中華平民教育促進會實驗部調查表之七（土布）

璧山縣 城東 鄉 大 保 十三甲 五户

1. 機戶姓名 蕭林甫　2. 現在開工或停工

3. 機頭若干：鐵機 壹 架　木機 架

4. 織機來源：自製 自　或由何處購買

5. 有無僱工？ 人　工資每人 元　計資方法

6. 原料：土紗或洋紗 洋紗　購買地點 渝

及方法

7. 三年內產量若干？　今年增減情形及原因

8. 銷售方法：銷場　佣金若干　稅捐若干

9. 有無整染設備？　整染方法

整染費用

10. 產品：類別，寬布 拾 疋　窄布 疋

白布 疋　藍布 疋

附註：1. 八九兩項均以疋計算　2. 十項以月計算

調查者　年　月　日

璧山县城东乡土布调查表　9-1-245（94）

璧山县城东乡土布调查表　9-1-245（95）

中華平民教育促進會實驗部調查表之七（土布）

璧山 縣 城東 鄉 六 保 五甲大户

1. 機戶姓名 賀孔昭　2. 現在開工或停工 停

3. 機頭若干：鐵機 壹 架木機 架

4. 織機來源：自製 自 或由何處購買

5、有無僱工？ 人工資每人 元計資方法

6、原料：土紗或洋紗 洋紗 購買地點 渝

及方法

7、三年內產量若干？ 今年增減情形及原因

8、銷售方法：銷場 佣金若干 稅捐若干

9、有無整染設備？ 整染方法

整染費用

10、產品：類別，寬布 十二 疋窄布 疋

白布 疋藍布 疋

…2，十項以月計算

中華平民教育促進會實驗部調查表之七（土布）

璧山縣 城東 鄉 六 保 二甲十户

1. 機户姓名 楊銀洲　2. 現在開工或停工 停

3. 機頭若干：鐵機 壹　架木機　架

4. 織機來源：自製 自　或由何處購買

5. 有無僱工？　人工資每人　元計資方法

6. 原料：土紗或洋紗 洋紗　購買地點 渝

及方法

7. 三年內產量若干？　今年增減情形及原因

8. 銷售方法：銷場　佣金若干　稅捐若干

9. 有無整染設備？　整染方法

整染費用

10. 產品：類別，寬布　疋窄布　疋

白布 拾　疋藍布　疋

附註：1. 八九兩項均以疋計算　2. 十項以月計算

調查者　年　月　日

94

璧山县城东乡土布调查表　9-1-245（96）

璧山县城东乡土布调查表　9-1-245（97）

中華平民教育促進會實驗部調查表之七（土布）

璧山縣　城東　鄉　六　保　六甲十八户

1. 機户姓名　徐自明　　2. 現在開工或停工　停

3. 機頭若干：鐵機　壹　架　木機　架

4. 織機来源：自製　自　或由何處購買

5. 有無僱工？　人工資每人　元　計資方法

6. 原料：土紗或洋紗　洋紗　購買地點　渝
及方法

7. 三年内產量若干？　今年增減情形及原因

8. 銷售方法：銷場　佣金若干　稅捐若干

9. 有無整染設備？　整染方法
整染費用

10. 產品：類別，寬布　拾　疋　窄布　疋
白布　疋　藍布　疋

附註：1. 八九兩項均以疋計算　2. 十項以月計算

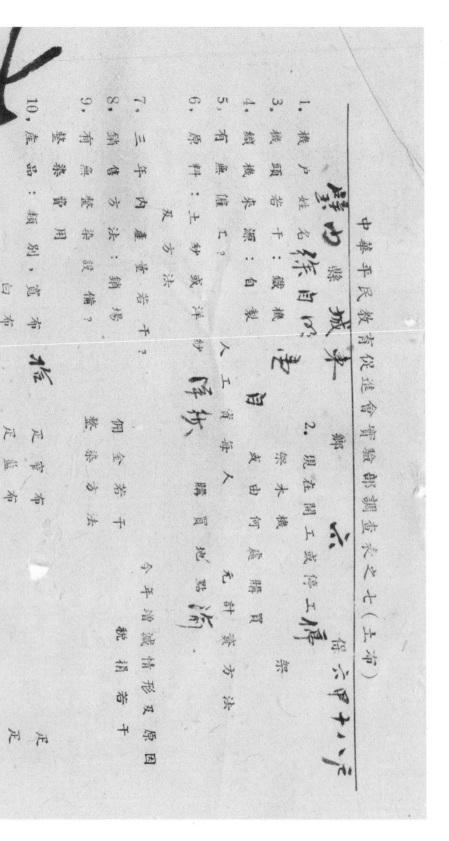

中華平民教育促進會實驗部調查表之七（土布）

璧山 縣 城東 鄉 六 保 十二甲二戶

1. 機戶姓名 蔣吉林　　2. 現在開工或停工 停

3. 機頭若干：鐵機 貳 架　木機 架

4. 織機來源：自製 自　或由何處購買

5. 有無僱工？ 人　工資每人 元　計資方法

6. 原料：土紗或洋紗 洋紗　購買地點 渝

　及方法

7. 三年內產量若干？　今年增減情形及原因

8. 銷售方法：銷場　佣金若干　稅捐若干

9. 有無整染設備？　整染方法

　整染費用

10. 產品：類別，寬布 廿 疋　窄布 疋

　白布 疋　藍布 疋

附註：1. 八九兩項均以疋計算　2. 十項以月計算

調查者　年　月　日

璧山县城东乡土布调查表　9-1-245（98）

璧山县城东乡土布调查表　9-1-245（99）

中華平民教育促進會實驗部調查表之七（土布）

璧山 縣 城東 鄉 六 保 一甲三户

1. 機户姓名 鄭海林　2. 現在開工或停工 停

3. 機頭若干：鐵機 弍 架木機 架

4. 織機來源：自製 自 或由何處購買

5，有無僱工？ 人工資每人 元計資方法

6，原料：土紗或洋紗 洋紗 購買地點 碚
及方法

7，三年内產量若干？ 今年增減情形及原因

8，銷售方法：銷場 佣金若干 稅捐若干

9，有無整染設備？ 整染方法
整染費用

10，產品：類別，寬布 廿 疋窄布 疋
白布 疋藍布 疋

附註：1. 八九兩項均以疋計算　2. 十項以月計算

中華平民教育促進會實驗部調查表之七（土布）

璧山 縣 城東 鄉 六 保 十甲

1. 機戶姓名 劉炳清　　2. 現在開工或停工 停

3. 機頭若干：鐵機 壹 架 木機 架

4. 織機來源：自製 自 或由何處購買

5. 有無僱工？ 人工資每人 元 計資方法

6. 原料：土紗或洋紗 洋紗 購買地點 渝

及方法

7. 三年內產量若干？ 今年增減情形及原因

8. 銷售方法：銷場 佣金若干 稅捐若干

9. 有無整染設備？ 整染方法

整染費用

10. 產品：類別，寬布 拾 疋 窄布 疋

白布 疋 藍布 疋

附註：1. 八九兩項均以疋計算　2. 十項以月計算

調查者　　年　月　日

璧山县城东乡土布调查表　9-1-245（100）

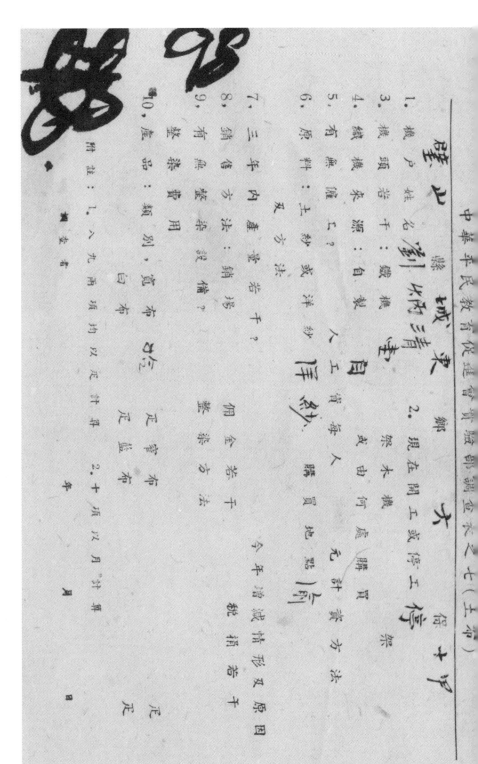

璧山县城东乡土布调查表　9-1-245（101）

中華平民教育促進會實驗部調查表之七（土布）

璧山　縣　城東　鄉　大　保

1. 機戶姓名　馬廷桂　　2. 現在開工或停工　停

3. 機頭若干：鐵機　貳　架木機　架

4. 織機來源：自製　有　或由何處購買

5. 有無僱工？　人工資每人　元計資方法

6. 原料：土紗或洋紗　洋紗　購買地點　簡

及方法

7. 三年內產量若干？　今年增減情形及原因

8. 銷售方法：銷場　佣金若干　稅捐若干

9. 有無整染設備？　整染方法

整染費用

10. 產品：類別，寬布　廿　疋窄布　疋

白布　疋藍布　疋

附註：1. 八九兩項均以疋計算　2. 十項以月計算

102

中華平民教育促進會實驗部調查表之七（土布）

璧山縣 城東鄉 大 保 一甲

1. 機戶姓名 侯述芳　　2. 現在開工或停工

3. 機頭若干：鐵機 壹 架木機 架

4. 織機來源：自製 有 或由何處購買

5. 有無僱工？ 人工資每人 元計資方法

6. 原料：土紗或洋紗 洋紗 購買地點 俞
　　及方法

7. 三年内產量若干？ 今年增減情形及原因

8. 銷售方法：銷場 佣金若干 稅捐若干

9. 有無整染設備？ 整染方法
　　整染費用

10. 產品：類別，寬布 十 疋窄布 疋
　　白布 疋藍布 疋

附註：1. 八九兩項均以疋計算　2. 十項以月"計"算

調查者　　年　　月　　日

璧山县城东乡土布调查表 9-1-245（103）

中華平民教育促進會實驗部調查表之七（土布）

璧山縣城東鄉大保

1. 機户姓名 郭才远　　2. 現在開工或停工 停

3. 機頭若干：鐵機 弍 架　木機 架

4. 織機來源：自製 自 或由何處購買

5. 有無僱工？ 人　工資每人 元　計資方法

6. 原料：土紗或洋紗 洋紗　購買地點 俞
及方法

7. 三年內產量若干？　今年增減情形及原因

8. 銷售方法：銷場　佣金若干　税捐若干

9. 有無整染設備？　整染方法
整染費用

10. 產品：類別，寬布 廿 疋　窄布 疋
白布 疋　藍布 疋

附註：1. 八九兩項均以疋計算　2. 十項以月"計"算

中華平民教育促進會實驗部調查表之七（土布）

璧山縣 城東 鄉 大 保

1. 機戶姓名 伍海雲　　2. 現在開工或停工 停

3. 機頭若干：鐵機 弍 架 木機 架

4. 織機來源：自製 自 或由何處購買

5. 有無僱工？ 人工資每人 元 計資方法

6. 原料：土紗或洋紗 洋紗 購買地點 簡

　　及方法

7. 三年內產量若干？ 今年增減情形及原因

8. 銷售方法：銷場 佣金若干 稅捐若干

9. 有無整染設備？ 整染方法

　　整染費用

10. 產品：類別，寬布 廿 疋 窄布 疋

　　白布 疋 藍布 疋

附註：1. 八九兩項均以疋計算　2. 十項以月計算

調查者　　年　月　日

104

璧山县城东乡土布调查表　9-1-245（104）

璧山县城东乡土布调查表　9-1-245（105）

中華平民教育促進會實驗部調查表之七（土布）

璧山　縣　城東　鄉　大　保

1. 機戶姓名　吴尧荃　　2. 現在開工或停工　停
3. 機頭若干：鐵機　一　架木機　架
4. 織機來源：自製　有　或由何處購買
5. 有無僱工？　人工資每人　元計資方法
6. 原料：土紗或洋紗　洋紗　購買地點　[illegible]
　　及方法
7. 三年內產量若干？　今年增減情形及原因
8. 銷售方法：銷場　佣金若干　稅捐若干
9. 有無整染設備？　整染方法
　　整染費用
10. 產品：類別，寬布　廿　疋窄布　疋
　　白布　疋藍布　疋

附註：1. 八九兩項均以疋計算　2. 十項以月計算

104

中華平民教育促進會實驗部調查表之七（土布）

璧山縣城東鄉六保

1. 機戶姓名 王荣忠　2. 現在開工或停工 停

3. 機頭若干：鐵機 壹 架木機 架

4. 織機來源：自製 自 或由何處購買

5. 有無僱工？ 人工資每人 元計資方法

6. 原料：土紗或洋紗 洋紗 購買地點 渝

　　及方法

7. 三年內產量若干？ 今年增減情形及原因

8. 銷售方法：銷場 佣金若干 稅捐若干

9. 有無整染設備？ 整染方法

　　整染費用

10. 產品：類別，寬布 十 疋窄布 疋

　　白布 疋藍布 疋

附註：1. 八九兩項均以疋計算　2. 十項以月計算

調查者　　年　　月　　日

璧山县城东乡土布调查表　9-1-245（106）

璧山县城东乡土布调查表　9-1-245（107）

105

中華平民教育促進會實驗部調查表之七（土布）

璧山 縣 城東 鄉 六 保 三甲

1. 機戶姓名 李漢清　2. 現在開工或停工 停

3. 機頭若干：鐵機 壹 架 木機 架

4. 織機來源：自製 自 或由何處購買

5. 有無僱工？ 人工資每人 元 計資方法

6. 原料：土紗或洋紗 洋紗 購買地點 廟

及方法

7. 三年內產量若干？ 今年增減情形及原因

8. 銷售方法：銷場 佣金若干 稅捐若干

9. 有無整染設備？ 整染方法

整染費用

10. 產品：類別，寬布 十 疋 窄布 疋

白布 疋 藍布 疋

中華平民教育促進會實驗部調查表之七(土布)

璧山縣城東鄉六保三甲五戶

1. 機戶姓名 伍朝憲　2. 現在開工或停工 停

3. 機頭若干：鐵機 弍 架木機 架

4. 織機來源：自製 自 或由何處購買

5, 有無僱工? 人工資每人 元計資方法

6, 原料：土紗或洋紗 洋紗 購買地點 119

及方法

7, 三年內產量若干? 今年增減情形及原因

8, 銷售方法：銷場 佣金若干 稅捐若干

9, 有無整染設備? 整染方法

整染費用

10, 產品：類別，寬布 廿 疋窄布 疋

白布 疋藍布 疋

107

附註：1. 八九兩項均以疋計算　2. 十項以月"計"算

調查者 年 月 日

璧山县城东乡土布调查表　9-1-245（108）

璧山县城东乡土布调查表　9-1-245（109）

中華平民教育促進會實驗部調查表之七（土布）

璧山 縣 城東 鄉 方 保 三尹七[illegible]

1. 機戶姓名 張和清　2. 現在開工或停工 停

3. 機頭若干：鐵機 弍 架 木機 架

4. 織機來源：自製 自 或由何處購買

5. 有無僱工？ 人工資每人 元 計資方法

6. 原料：土紗或洋紗 洋紗 購買地點 縣
　及方法

7. 三年內產量若干？ 今年增減情形及原因

8. 銷售方法：銷場 佣金若干 稅捐若干

9. 有無整染設備？ 整染方法
　整染費用

10. 產品：類別，寬布 廿 疋 窄布 疋
　白布 疋 藍布 疋

附註：1. 八九兩項均以疋計算　2. 十項以月計算

中華平民教育促進會實驗部調查表之七（土布）

璧山縣 城東鄉 六保 七甲

1. 機戶姓名 羅治民　　2. 現在開工或停工 停

3. 機頭若干：鐵機 壹 架 木機 架

4. 織機來源：自製 自 或由何處購買

5. 有無僱工？ 人 工資每人 元 計資方法

6. 原料：土紗或洋紗 洋紗 購買地點 渝 及方法

7. 三年內產量若干？ 今年增減情形及原因

8. 銷售方法：銷場 佣金若干 稅捐若干

9. 有無整染設備？ 整染方法 整染費用

10. 產品：類別，寬布 十 疋 窄布 疋 白布 疋 藍布 疋

附註：1. 八九兩項均以疋計算　2. 十項以月計算

調查者　　年　月　日

璧山县城东乡土布调查表　9-1-245（110）

璧山县城东乡土布调查表　9-1-245（111）

中華平民教育促進會實驗部調查表之七（土布）

璧山縣　城東鄉　六保　二甲一户

1. 機户姓名　賀光鑫　　2. 現在開工或停工　停

3. 機頭若干：鐵機　弍　架木機　架

4. 織機來源：自製　自　或由何處購買

5，有無僱工？　人工資每人　元計資方法

6，原料：土紗或洋紗　洋紗　購買地點　渝
　　及方法

7，三年內產量若干？　今年增減情形及原因

8，銷售方法：銷場　佣金若干　稅捐若干

9，有無整染設備？　整染方法
　　整染費用

10，產品：類別，寬布　廿　疋窄布　疋
　　白布　疋藍布　疋

中華平民教育促進會貴縣部調查表之七（土布）

璧山縣城東鄉六保五甲七户

1. 機户姓名 陳銀清　　2. 現在開工或停工 停

3. 機頭若干：鐵機　　架木機　　架

4. 織機來源：自製 自　　或由何處購買

5，有無僱工？　　人工資每人　　元計資方法

6，原料：土紗或洋紗 洋紗　　購買地點

　　及方法

7，三年内產量若干？　　今年增減情形及原因

8，銷售方法：銷場　　佣金若干　　税捐若干

9，有無整染設備？　　整染方法

　　整染費用

10，產品：類别，寬布 廿 疋窄布　　疋

　　白布　　疋藍布　　疋

附註：1. 八九兩項均以疋計算　2. 十項以月計算

調查者　　年　　月　　日

璧山县城东乡土布调查表　9-1-245（112）

璧山县城东乡土布调查表　9-1-245（113）

中華平民教育促進會實驗部調查表之七（土布）

璧山　縣　城東　鄉　大　保　八甲十二户

1. 機户姓名　馮耀光　　2. 現在開工或停工　停

3. 機頭若干：鐵機　壹　架木機　架

4. 織機來源：自製　自　或由何處購買

5. 有無僱工？　人工資每人　元計資方法

6. 原料：土紗或洋紗　洋紗　購買地點　渝

及方法

7、三年内產量若干？　今年增減情形及原因

8、銷售方法：銷場　佣金若干　稅捐若干

9、有無整染設備？　整染方法

整染費用

10、產品：類別，寬布　十　疋窄布　疋

白布　疋藍布　疋

中華平民教育促進會實驗部調查表之七（土布）

璧山 縣 城東 鄉 六 保 三甲三户

1. 機户姓名 沈峰如　　2. 現在開工或停工 停

3. 機頭若干：鐵機 壹　　架木機　　架

4. 織機來源：自製 自　　或由何處購買

5. 有無僱工？　　人工資每人　　元計資方法

6. 原料：土紗或洋紗 洋紗　　購買地點 渝

　　及方法

7. 三年內產量若干？　　今年增減情形及原因

8. 銷售方法：銷場　　佣金若干　　稅捐若干

9. 有無整染設備？　　整染方法

　　整染費用

10. 產品：類別，寬布 十 疋　窄布　　疋

　　白布　　疋　藍布　　疋

附註：1. 八九兩項均以疋計算　2. 十項以月計算

調查者　　年　　月　　日

璧山县城东乡土布调查表　9-1-245（114）

璧山县城东乡土布调查表　9-1-245（115）

中華平民教育促進會實驗部調查表之七（土布）

璧山縣 城東 鄉 大 保 三甲三户

1. 機户姓名 郎錫之　　2. 現在開工或停工 停

3. 機頭若干：鐵機 壹　　架木機　　架

4. 織機來源：自製　　或由何處購買

5. 有無僱工？　　人工資每人　　元計資方法

6. 原料：土紗或洋紗 洋紗　　購買地點 渝

及方法　　今年增減情形及原因

7. 三年內產量若干？　　稅捐若干

8. 銷售方法：銷場　　佣金若干

9. 有無整染設備？　　整染方法

整染費用

10. 產品：類別，寬布 十 疋　窄布　　疋

白布　　疋　藍布　　疋

中華平民教育促進會實驗部調查表之七（土布）

璧山縣城東鄉大保三甲二户

1. 機户姓名 鄺炳之　　2. 現在開工或停工 停

3. 機頭若干：鐵機 壹　架木機　架

4. 織機來源：自製 自　或由何處購買

5. 有無僱工？　人工資每人　元計資方法

6. 原料：土紗或洋紗 洋紗　購買地點 渝

　　及方法

7. 三年内產量若干？　今年增減情形及原因

8. 銷售方法：銷場　佣金若干　稅捐若干

9. 有無整染設備？　整染方法

　　整染費用

10. 產品：類别，寬布 十 疋窄布　疋

　　白布　疋藍布　疋

附註：1. 八九兩項均以疋計算　2. 十項以月計算

調查者　　年　月　日

璧山县城东乡土布调查表 9-1-245（117）

中華平民教育促進會實驗部調查表之七（土布）

璧山 縣 城東 鄉 六 保 八十六户

1. 機户姓名 賀治平　　2. 現在開工或停工 停

3. 機頭若干：鐵機 弍 架 木機 架

4. 織機來源：自製 自 或由何處購買

5. 有無僱工？ 人工資每人 元 計資方法

6. 原料：土紗或洋紗 洋紗 購買地點 渝

及方法

7. 三年内產量若干？ 今年增減情形及原因

8. 銷售方法：銷場 佣金若干 稅捐若干

9. 有無整染設備？ 整染方法

整染費用

10. 產品：類別，寬布 廿 疋 窄布 疋

白布 疋 藍布， 疋

附註：1.八九兩項均以疋計算 2.十項以月計算

中華平民教育促進會實驗部調查表之七（土布）

璧山 縣 城東 鄉 六 保 三甲四户

1. 機户姓名 鄧蓮氏　　2. 現在開工或停工 停

3. 機頭若干：鐵機 壹 架 木機 架

4. 織機來源：自製 自 或由何處購買

5. 有無僱工？ 人 工資每人 元 計資方法

6. 原料：土紗或洋紗 洋紗 購買地點 渝

及方法

7. 三年內產量若干？ 今年增減情形及原因

8. 銷售方法：銷場 佣金若干 稅捐若干

9. 有無整染設備？ 整染方法

整染費用

10. 產品：類別，寬布 十 疋 窄布 疋

白布 疋 藍布 疋

附註：1. 八九兩項均以疋計算　2. 十項以月計算

調查者　　年　月　日

璧山县城东乡土布调查表　9-1-245（118）

璧山县城东乡土布调查表　9-1-245（119）

中華平民教育促進會實驗部調查表之七（土布）

璧山 縣 城東 鄉 六 保 三甲五户

1. 機户姓名 宋煥章　　2. 現在開工或停工 停

3. 機頭若干：鐵機 壹 架 木機 架

4. 織機來源：自製 自 或由何處購買

5. 有無僱工？ 人工資每人 元計資方法

6. 原料：土紗或洋紗 洋紗 購買地點

及方法

7. 三年內產量若干？ 今年增減情形及原因

8. 銷售方法：銷場 佣金若干 稅捐若干

9. 有無整染設備？ 整染方法

整染費用

10. 產品：類別，寬布 十 疋 窄布 疋

白布 疋 藍布 疋

附註：1. 八九兩項均以疋計算　2. 十項以月計算

中華平民教育促進會實驗部調查表之七（土布）

璧山縣 城東鄉 大保 三甲六户

1. 機户姓名 胡治成 2. 現在開工或停工 停

3. 機頭若干：鐵機 弍 架木機 架

4. 織機來源：自製 自 或由何處購買

5. 有無僱工？ 人工資每人 元計資方法

6. 原料：土紗或洋紗 洋紗 購買地點 同

及方法

7. 三年內產量若干？ 今年增減情形及原因

8. 銷售方法：銷場 佣金若干 稅捐若干

9. 有無整染設備？ 整染方法

整染費用

10. 產品：類別，寬布 廿 疋窄布 疋

白布 疋藍布 疋

附註：1. 八九兩項均以疋計算 2. 十項以月計算

調查者 年 月 日

119

璧山县城东乡土布调查表 9-1-245（120）

璧山县城东乡土布调查表　9-1-245（121）

璧

中華平民教育促進會實驗部調查表之七（土布）

璧山縣　城東鄉　六保　二甲二户

1. 機户姓名　羅吉林　　2. 現在開工或停工　停

3. 機頭若干：鐵機　弍　架木機　架

4. 織機來源：自製　自　或由何處購買

5. 有無僱工？　人工資每人　元計資方法

6. 原料：土紗或洋紗　洋紗　購買地點　浦

及方法

7. 三年内產量若干？　今年增減情形及原因

8. 銷售方法：銷場　佣金若干　税捐若干

9. 有無整染設備？　整染方法

整染費用

10. 產品：類别，寬布　廿　疋窄布　疋

白布　疋藍布　疋

附註：1. 八九兩項均以疋計算　2. 十項以月計算

20

中華平民教育促進會實驗部調查表之七（土布）

璧山 縣 城東 鄉 六 保 六甲十二户

1. 機户姓名 譚孔禮　　2. 現在開工或停工

3. 機頭若干：鐵機 壹　　架木機　　架

4. 織機來源：自製 自　　或由何處購買

5，有無僱工？　　人工資每人　　元計資方法

6，原料：土紗或洋紗 洋紗　　購買地點 渝

及方法

7，三年內產量若干？　　今年增減情形及原因

8，銷售方法：銷場　　佣金若干　　税捐若干

9，有無整染設備？　　整染方法

整染費用

10，產品：類別，寬布　　疋窄布　　疋

白布　　疋藍布　　疋

附註：1. 八九兩項均以疋計算　2. 十項以月計算

調查者　　年　　月　　日

121

璧山县城东乡土布调查表　9-1-245（122）

璧山县城东乡土布调查表 9-1-245（123）

中華平民教育促進會實驗部調查表之七（土布）

璧山 縣 城東 鄉 六 保 九甲一户

1. 機户姓名 馮裕昌　2. 現在開工或停工 停

3. 機頭若干：鐵機 弍 架 木機 架

4. 織機來源：自製 自 或由何處購買

5. 有無僱工？ 人工資每人 元 計資方法

6. 原料：土紗或洋紗 洋紗 購買地點 廂
及方法

7. 三年內產量若干？ 今年增減情形及原因

8. 銷售方法：銷場 佣金若干 稅捐若干

9. 有無整染設備？ 整染方法
整染費用

10. 產品：類別，寬布 廿 疋 窄布 疋
白布 疋 藍布 疋

附註：1. 八九兩項均以疋計算　2. 十項以月"計"算

123

中華平民教育促進會實驗部調查表之七（土布）

璧山 縣 城東 鄉 第七 保 八甲 十三户

1. 機户姓名 王陳氏　　2. 現在開工或停工 停

3. 機頭若干：鐵機 壹 架 木機 架

4. 織機來源：自製 或由何處購買

5. 有無僱工？ 人工資每人 元 計資方法

6. 原料：土紗或洋紗 洋紗 購買地點 本場
及方法

7. 三年内產量若干？ 今年增減情形及原因

8. 銷售方法：銷場 佣金若干 税捐若干

9. 有無整染設備？ 整染方法
整染費用

10. 產品：類别，寬布 拾 疋 窄布 疋
白布 疋 藍布 疋

附註：1. 八九兩項均以疋計算　2. 十項以月"計"算

調查者　　36 年 7 月 1 日

璧山县城东乡土布调查表　9-1-245（124）

璧山县城东乡土布调查表　9-1-245（125）

中華平民教育促進會實驗部調查表之七（土布）

璧山縣　城東　鄉　　　保　九甲十四户

1. 機户姓名　王富華　　2. 現在開工或停工　停

3. 機頭若干：鐵機　　　架木機　　　架

4. 織機來源：自製　　　或由何處購買

5，有無僱工？　　人工資每人　　元計資方法

6，原料：土紗或洋紗　洋紗　購買地點

　　及方法

7，三年内產量若干？　　　今年增減情形及原因

8，銷售方法：銷場　　　佣金若干　　　稅捐若干

9，有無整染設備？　　　整染方法

　整染費用

10，產品：類別，寬布　　疋窄布　　　疋

　　　白布　　　疋藍布　　　疋

125

中華平民教育促進會實驗部調查表之七（土布）

縣　　　　鄉　　　　保十四甲一户

1. 機户姓名　宋鼎三　　2. 現在開工或停工　停

3. 機頭若干：鐵機　貳　架木機　架

4. 織機來源：自製　或由何處購買

5，有無僱工？　人工資每人　元計資方法

6，原料：土紗或洋紗　洋紗　購買地點　城內

及方法

7，三年内產量若干？　今年增減情形及原因

8，銷售方法：銷場　佣金若干　稅捐若干

9，有無整染設備？　整染方法

整染費用

10，產品：類别，寬布　貳拾　疋窄布　疋

白布　疋藍布　疋

附註：1. 八九兩項均以疋計算　2. 十項以月"計"算

調查者　　36 年 9 月 1 日

璧山县城东乡土布调查表　9-1-245（126）

璧山县城东乡土布调查表　9-1-245（127）

中華平民教育促進會實驗部調查表之七（土布）

璧山縣城東鄉六保八甲十一户

1. 機户姓名 王森云　2. 現在開工或停工 停

3. 機頭若干：鐵機貳　架木機　架

4. 織機來源：自製自　或由何處購買

5. 有無僱工？　人工資每人　元計資方法

6. 原料：土紗或洋紗 洋紗　購買地點 崩

及方法

7. 三年内產量若干？　今年增減情形及原因

8. 銷售方法：銷場　佣金若干　稅捐若干

9. 有無整染設備？　整染方法

整染費用

10. 產品：類別，寬布　疋窄布　疋

白布 廿　疋藍布　疋

附註：1. 八九兩項均以疋計算　2. 十項以月計算

中華平民教育促進會實驗部調查表之七（土布）

璧山縣 城東 鄉 九 保 一甲十一戶

1. 機戶姓名 尹伯凱　　2. 現在開工或停工 停

3. 機頭若干：鐵機 貳 架木機 架

4. 織機來源：自製 自製 或由何處購買

5. 有無僱工？自織 人工資每人 元計資方法

6. 原料：土紗或洋紗 購買地點 重慶

及方法

7. 三年內產量：若干？ 今年增減情形及原因

8. 銷售方法：銷場 佣金若干 稅捐若干

9. 有無整染設備？ 整染方法

整染費用

10. 產品：類別，寬布 拾 疋窄布 —— 疋

白布 三 疋藍布 —— 疋

附註：1. 八九兩項均以疋計算　2. 十項以月計算

調查者 賀樹生　36年9月1日

134

璧山县城东乡土布调查表　9-1-245（140）

璧山县城东乡土布调查表　9-1-245（141）

中華平民教育促進會實驗部調查表之七（土布）

璧山縣 城東 鄉 9 保 1497 戶

1. 機戶姓名 傅君輝　　2. 現在開工或停工 停

3. 機頭若干：鐵機 貳　架木機 —— 架

4. 織機來源：自製　或由何處購買 ——

5. 有無僱工？自織　人工資每人　元計資方法

6. 原料：土紗或洋紗　購買地點 街

及方法

7. 三年内產量若干？　今年增減情形及原因

8. 銷售方法：銷場　佣金若干　税捐若干

9. 有無整染設備？　整染方法

整染費用

10. 產品：類別，寬布 拾 疋　窄布 —— 疋

白布　疋　藍布 —— 疋

附註：1. 八九兩項均以疋計算　2. 十項以月計算

中華平民教育促進會實驗部調查表之七（土布）

璧山縣 城東 鄉 9 保 1甲10户

1. 機户姓名 尹伯卿　　2. 現在開工或停工 停

3. 機頭若干：鐵機 貳 架　木機 —— 架

4. 織機來源：自製　或由何處購買

5. 有無僱工？自織　人工資每人　元　計資方法

6. 原料：土紗或洋紗　購買地點 [illegible]

及方法

7. 三年内產量若干？　今年增減情形及原因

8. 銷售方法：銷陽　佣金若干　稅捐若干

9. 有無整染設備？　整染方法

整染費用

10. 產品：類別，寬布 拾 疋　窄布 —— 疋

白布　疋　藍布 —— 疋

附註：1. 八九兩項均以疋計算　2. 十項以月計算

調查者 贺树生　36 年 9 月 1 日

璧山县城东乡土布调查表　9-1-245（142）

璧山县城东乡土布调查表 9-1-245（143）

中華平民教育促進會實驗部調查表之七（土布）

璧山縣 城東 鄉 9 保 1甲 12户

1. 機户姓名 陳永華 2. 現在開工或停工 停

3. 機頭若干：鐵機 弍 架 木機—— 架

4. 織機來源：自製 或由何處購買

5. 有無僱工？ 僱二 人 工資每人 元 計資方法

6. 原料：土紗或洋紗 購買地點 城

及方法

7. 三年內產量若干？ 今年增減情形及原因

8. 銷售方法：銷場 佣金若干 稅捐若干

9. 有無整染設備？ 整染方法

整染費用

10. 產品：類別，寬布 捨 疋 窄布—— 疋

白布 疋 藍布—— 疋

附註：1. 八九兩項均以疋計算 2. 十項以月計算一

璧山县城东乡土布调查表　9-1-245（144）

中華平民教育促進會實驗部調查表之七（土布）

璧山縣　城東鄉　9保　1甲　13戶

1. 機戶姓名　陳紹文　　2. 現在開工或停工　停工

3. 機頭若干：鐵機　弍　架木機————架

4. 織機來源：自製　或由何處購買

5. 有無僱工？僱工　人工資每人　元計資方法

6. 原料：土紗或洋紗　購買地點　璧山

及方法

7. 三年內產量若干？　今年增減情形及原因

8. 銷售方法：銷場　佣金若干　稅捐若干

9. 有無整染設備？　整染方法

整染費用

10. 產品：類別，寬布　搭　疋窄布————疋

白布　疋藍布————疋

附註：1. 八九兩項均以疋計算　2. 十項以月"計"算

調查者　賀特生　已制卡　36年　9月　1日

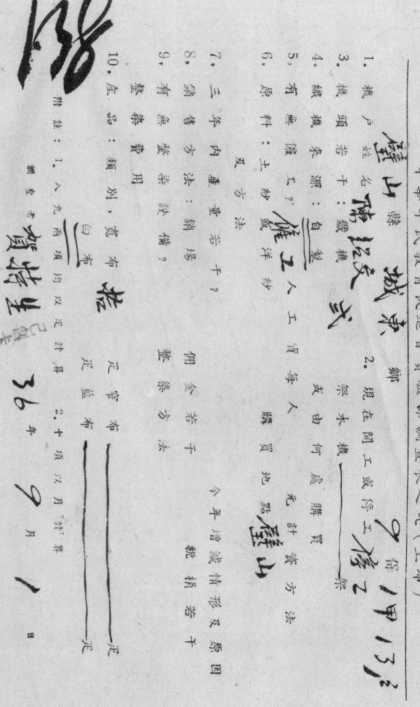

璧山县城东乡土布调查表 9-1-245（145）

中華平民教育促進會實驗部調查表之七（土布）

璧山 縣 城東 鄉 9 保 1甲12户

1. 機户姓名 李炳情　2. 現在開工或停工 停工

3. 機頭若干：鐵機 壹　架木機——架

4. 織機來源：自製　或由何處購買

5. 有無僱工？僱工人　工資每人　元　計資方法

6. 原料：土紗或洋紗　購買地點 璧山

及方法

7. 三年内產量若干？　今年增減情形及原因

8. 銷售方法：銷場　佣金若干　税捐若干

9. 有無整染設備？　整染方法

整染費用

10. 産品：類别，寬布 拾　疋窄布——疋

白布　疋藍布——疋

附註：1. 八九兩項均以疋計算　2. 十項以月"計"算

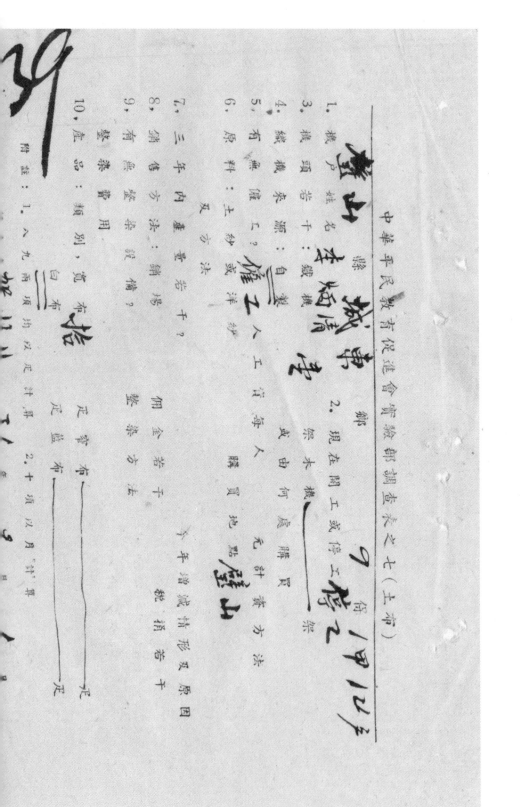

140

中華平民教育促進會實驗部調查表之七（土布）

璧山縣城東鄉9保2甲7户

1. 機戶姓名 張世睦　　2. 現在開工或停工 開

3. 機頭若干：鐵機 壹 架 木機 架

4. 織機來源：自製　或由何處購買

5. 有無僱工？ 無　人工資每人 元 計資方法

6. 原料：土紗或洋紗　購買地點 璧山

及方法

7. 三年內產量若干？　今年增減情形及原因

8. 銷售方法：銷場　佣金若干　稅捐若干

9. 有無整染設備？　整染方法

整染費用

10. 產品：類別，寬布 拾 疋 窄布 疋

白布　疋 藍布 疋

附註：1. 八九兩項均以疋計算　2. 十項以月計算

調查者 賀籍生　36 年 9 月 1 日

璧山县城东乡土布调查表　9-1-245（146）

璧山县城东乡土布调查表 9-1-245（147）

中華平民教育促進會實驗部調查表之七（土布）

璧山縣 城东 鄉 9 保 2甲8戶

1. 機戶姓名 張吉義　　2. 現在開工或停工 開工

3. 機頭若干：鐵機 弍　架木機 ——— 架

4. 織機來源：自製　　或由何處購買

5. 有無僱工？僱工　人工資每人　元計資方法

6. 原料：土紗或洋紗　　購買地點 两

及方法

7. 三年內產量若干？　　今年增減情形及原因

8. 銷售方法：銷場　　佣金若干　　稅捐若干

9. 有無整染設備？　　整染方法

整染費用

10. 產品：類別，寬布 拾 疋　窄布 ——— 疋

白布　　疋　藍布 ——— 疋

附註：1. 八九兩項均以疋計算　2. 十項以月"計"算

中華平民教育促進會實驗部調查表之七（土布）

璧山縣城東鄉 9 保 2甲 9户

1. 機戶姓名 李金堂　　2. 現在開工或停工 開工

3. 機頭若干：鐵機 壹　　架木機——架

4. 織機來源：自製　　或由何處購買

5. 有無僱工？僱工　人工資每人　元計資方法

6. 原料：土紗或洋紗　　購買地點 璧山

及方法

7. 三年內產量若干？　　今年增減情形及原因

8. 銷售方法：銷場　　佣金若干　　稅捐若干

9. 有無整染設備？　　整染方法

整染費用

10. 產品：類別，寬布 拾 疋　　窄布——疋

白布　　藍布——疋

附註：1. 八九兩項均以疋計算　2. 十項以月計算

調查者 賀□□　36年 9月 1日

140

璧山县城东乡土布调查表　9-1-245（149）

中華平民教育促進會實驗部調查表之七（土布）

璧山縣 城東 鄉 9 保 2甲10户

1. 機户姓名 何文彬　　2. 現在開工或停工 開工

3. 機頭若干：鐵機 壹　　架木機 ———— 架

4. 織機來源：自製　　或由何處購買

5. 有無僱工？無　　人工資每人　　元計資方法

6. 原料：土紗或洋紗　　購買地點 渝

及方法

7. 三年内產量若干？　　今年增減情形及原因

8. 銷售方法：銷場　　佣金若干　　稅捐若干

9. 有無整染設備？　　整染方法

整染費用

10. 產品：類別，寬布 拾 疋　窄布 ———— 疋

白布　疋　藍布 ———— 疋

附註：1. 八九兩項均以疋計算　2. 十項以月計算

中華平民教育促進會實驗部調查表之七（土布）

璧山縣　城東鄉　9保　2甲　11戶

1. 機戶姓名　陳海全　　2. 現在開工或停工　開工

3. 機頭若干：鐵機　壹　架　木機 ——— 架

4. 織機來源：自製　　或由何處購買

5. 有無雇工？　自織　　人工資每人　　元　計資方法

6. 原料：土紗或洋紗　　購買地點　璧山

　　及方法

7. 三年內產量若干？　　今年增減情形及原因

8. 銷售方法：銷場　　佣金若干　　稅捐若干

9. 有無整染設備？　　整染方法

　　整染費用

10. 產品：類別，寬布　拾　疋　窄布 ——— 疋

　　白布　　疋　藍布 ——— 疋

附註：1. 八九兩項均以疋計算　2. 十項以月計算

調查者　賀[illegible]生　36年　9月　1日

璧山县城东乡土布调查表　9-1-245（150）

璧山县城东乡土布调查表 9-1-245（151）

中華平民教育促進會實驗部調查表之七（土布）

璧山縣 城东 鄉 9 保 2甲13户

1. 機户姓名 張志樘　　2. 現在開工或停工 停

3. 機頭若干：鐵機　壹　架 木機　架

4. 織機來源：自製　　或由何處購買

5. 有無僱工？無　人工資每人　元 計資方法

6. 原料：土紗或洋紗　　購買地點 璧山

及方法

7. 三年内產量若干？　　今年增減情形及原因

8. 銷售方法：銷場　　佣金若干　　稅捐若干

9. 有無整染設備？　　整染方法

整染費用

10. 產品：類別，寬布 拾 疋 窄布 —— 疋

白布　疋 藍布 —— 疋

附註：1. 八九兩項均以疋計算　2. 十項以月"計"算

中華平民教育促進會實驗部調查表之七（土布）

璧山縣城東鄉 9 保 2甲14戶

1. 機戶姓名 張徐氏　　2. 現在開工或停工 停

3. 機頭若干：鐵機 壹 架 木機 —— 架

4. 織機來源：自製　　或由何處購買

5. 有無僱工？無　人工資每人　元 計資方法

6. 原料：土紗或洋紗　　購買地點 璧山

及方法

7、三年內產量若干？　　今年增減情形及原因

8，銷售方法：銷場　　佣金若干　　稅捐若干

9，有無整染設備？　　整染方法

整染費用

10，產品：類別，寬布 拾 疋 窄布 —— 疋

白布 二 疋 藍布 —— 疋

附註：1. 八九兩項均以疋計算　2. 十項以月"計"算

調查者 賀特生　36 年 9 月 1 日

璧山县城东乡土布调查表　9-1-245（152）

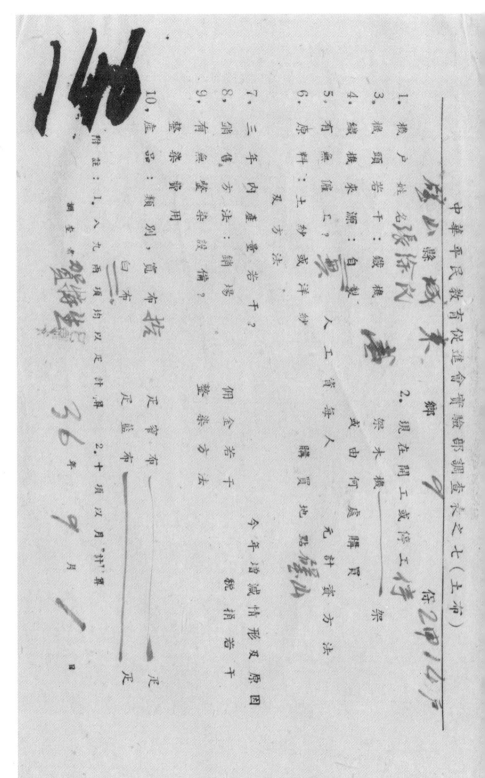

璧山县城东乡土布调查表　9-1-245（153）

中華平民教育促進會實驗部調查表之七（土布）

璧山 縣 城東 鄉 9 保 2甲15户

1. 機戶姓名 張雲[illegible]　　2. 現在開工或停工 開工

3. 機頭若干：鐵機 壹　　架木機 —— 架

4. 織機來源：自製　　或由何處購買

5. 有無僱工？僱工　人工資每人　元計資方法

6. 原料：土紗或洋紗　　購買地點 璧山

及方法

7. 三年內產量若干？　　今年增減情形及原因

8. 銷售方法：銷場　　佣金若干　　稅捐若干

9. 有無整染設備？　　整染方法

整染費用

10. 產品：類別，寬布 [illegible]　疋窄布 —— 疋

白布　疋藍布 —— 疋

附註：1. 八九兩項均以疋計算　2. 十項以月計算

中華平民教育促進會實驗部調查表之七（土布）

璧山 縣 城東 鄉 9 保 3甲6戶

1. 機戶姓名 喻海清　　2. 現在開工或停工 開工

3. 機頭若干：鐵機 壹 架　木機 —— 架

4. 織機來源：自製　　或由何處購買

5. 有無僱工？ 自織　人工資每人　元　計資方法

6. 原料：土紗或洋紗　　購買地點 璧山

及方法

7. 三年內產量若干？　　今年增減情形及原因

8. 銷售方法：銷場　　佣金若干　　稅捐若干

9. 有無整染設備？　　整染方法

整染費用

10. 產品：類別，寬布 拾 疋　窄布 —— 疋

白布　　藍布 —— 疋

附註：1. 八九兩項均以疋計算　2. 十項以月計算

調查者 賀輔丞　36年 9 月 1 日

148

璧山县城东乡土布调查表　9-1-245（154）

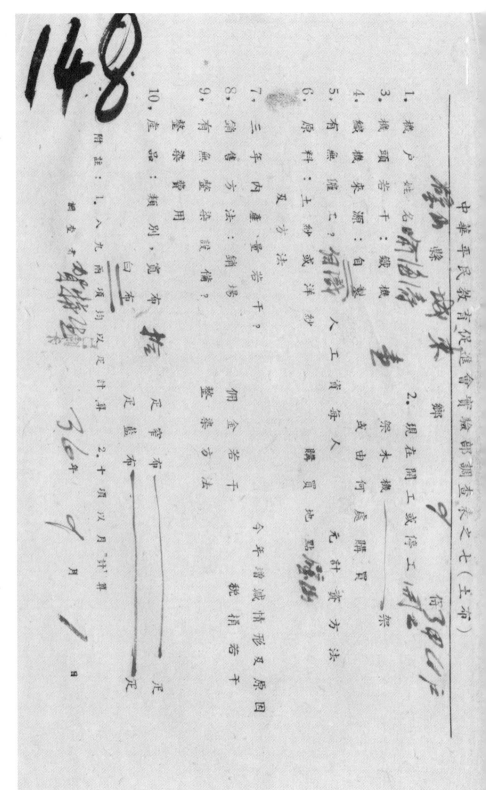

璧山县城东乡土布调查表　9-1-245（155）

中華平民教育促進會實驗部調查表之七（土布）

璧山縣 城東 鄉 9 保 5 甲 6 戶

1. 機戶姓名 曾長明　2. 現在開工或停工 開工

3. 機頭若干：鐵機 弍 架 木機 —— 架

4. 織機來源：自製　或由何處購買

5. 有無僱工？僱工　人 工資每人　元 計資方法

6. 原料：土紗或洋紗　購買地點 璧山

及方法

7. 三年內產量若干？　今年增減情形及原因

8. 銷售方法：銷場　佣金若干　稅捐若干

9. 有無整染設備？　整染方法

整染費用

10. 產品：類別，寬布 拾 疋 窄布 —— 疋

白布　疋 藍布 —— 疋

附註：1. 八九兩項均以疋計算　2. 十項以月"計"算

中華平民教育促進會實驗部調查表之七（土布）

璧山縣 城東 鄉 9 保 5 甲 ? 户

1. 機户姓名 曾鹤龄　　2. 現在開工或停工 停

3. 機頭若干：鐵機 壹 架　木機 —— 架

4. 織機來源：自製　或由何處購買

5. 有無僱工？自織　人　工資每人　元　計資方法

6. 原料：土紗或洋紗　購買地點 璧山

及方法

7. 三年內產量若干？　今年增減情形及原因

8. 銷售方法：銷場　佣金若干　稅捐若干

9. 有無整染設備？　整染方法

整染費用

10. 產品：類別，寬布 拾 疋　窄布 —— 疋

白布 二 疋　藍布 —— 疋

附註：1. 八九兩項均以疋計算　2. 十項以月計算

調查者　　年　月　日

璧山县城东乡土布调查表　9-1-245（156）

璧山县城东乡土布调查表　9-1-245（157）

中華平民教育促進會實驗部調查表之七（土布）

璧山縣 城東 鄉 9 保 5 甲 8 户

1. 機戶姓名 周民治　　2. 現在開工或停工 開工

3. 機頭若干：鐵機 壹 架 木機 架

4. 織機來源：自製　或由何處購買

5. 有無僱工？僱工 人 工資每人 元 計資方法

6. 原料：土紗或洋紗　購買地點 璧山

及方法

7. 三年內產量若干？　今年增減情形及原因

8. 銷售方法：銷場　佣金若干　稅捐若干

9. 有無整染設備？　整染方法

整染費用

10. 產品：類別，寬布 拾 疋 窄布 ―― 疋

白布　疋 藍布 ―― 疋

附註：1. 八九兩項均以疋計算　2. 十項以月"計"算

調查者 24 年 9 月 1 日

璧山縣 城東 鄉 9 保 5甲13户

1. 機户姓名 賈焕章　　2. 現在開工或停工 開工

3. 機頭若干：鐵機 壹　　架木機——架

4. 織機來源：自製　　或由何處購買

5. 有無僱工？僱工　人工資每人　元計資方法

6. 原料：土紗或洋紗　　購買地點 璧山

及方法

7. 三年內產量若干？　　今年增減情形及原因

8. 銷售方法：銷場　　佣金若干　　稅捐若干

9. 有無整染設備？　　整染方法

整染費用

10. 產品：類別，寬布 拾 疋　窄布——疋

白布　　疋　藍布——疋

附註：1. 八九兩項均以疋計算　2. 十項以月計算

調查者 賈靖生　已刷卡　36 年 9 月 1 日

璧山县城东乡土布调查表　9-1-245（158）

璧山县城东乡土布调查表 9-1-245（159）

中華平民教育促進會實驗部調查表之七（土布）

璧山 縣 城東 鄉 9 保 6甲9户

1. 機户姓名 雷明遠　　2. 現在開工或停工 開工

3. 機頭若干：鐵機 弍 架　木機 —— 架

4. 織機來源：自製　或由何處購買

5. 有無僱工？雇工　人　工資每人　元　計資方法

6. 原料：土紗或洋紗　購買地點 渝
及方法

7. 三年内產量若干？　今年增减情形及原因

8. 銷售方法：銷場　佣金若干　税捐若干

9. 有無整染設備？　整染方法
整染費用

10. 產品：類别，寬布 拾 疋　窄布 —— 疋
白布 疋　藍布 —— 疋

附註：1. 八九兩項均以疋計算　2. 十項以月計算

調查者 [illegible]　年 8 月 1 日

璧山縣 城東 鄉 9 保 6甲10户

1. 機戶姓名 胡玉柏　　2. 現在開工或停工 開工

3. 機頭若干：鐵機 弍　　架木機 —— 架

4. 織機來源：自製　　或由何處購買

5. 有無僱工？僱工 人工資每人　　元計資方法

6. 原料：土紗或洋紗　　購買地點 縣

及方法

7. 三年內產量若干？　　今年增減情形及原因

8. 銷售方法：銷場　　佣金若干　　稅捐若干

9. 有無整染設備？　　整染方法

整染費用

10. 產品：類別，寬布 拾 疋 窄布 —— 疋

白布　　疋 藍布 —— 疋

附註：1. 八九兩項均以疋計算　　2. 十項以月"計"算

調查者 賀特生　36 年 9 月 1 日

璧山县城东乡土布调查表　9-1-245（160）

璧山县城东乡土布调查表　9-1-245（161）

中華平民教育促進會實驗部調查表之七（土布）

璧山縣　城東鄉　9保　6甲11户

1. 機户姓名 蕭慕儒　　2. 現在開工或停工 開工

3. 機頭若干：鐵機 壹　架木機——架

4. 織機來源：自製　　或由何處購買

5. 有無僱工？ 自織　人工資每人　元計資方法

6. 原料：土紗或洋紗　　購買地點 璧山

及方法

7. 三年内產量若干？　　今年增減情形及原因

8. 銷售方法：銷場　　佣金若干　　稅捐若干

9. 有無整染設備？　　整染方法

整染費用

10. 產品：類別，寬布 拾　疋窄布——疋

白布　　疋藍布——疋

附註：1. 八九兩項均以疋計算　2. 十項以月"計"算

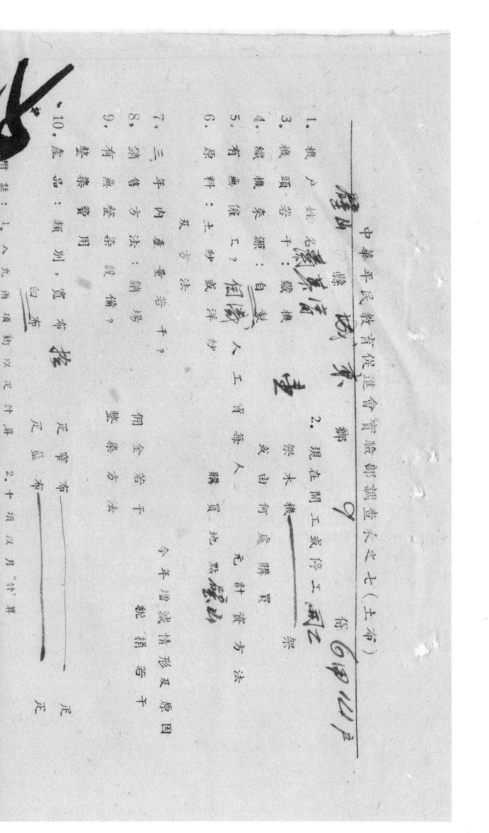

中華平民教育促進會實驗部調查表之七（土布）

璧山縣 城東 鄉 9 保 7甲3戶

1. 機戶姓名 王玉洁　　2. 現在開工或停工 開工

3. 機頭若干：鐵機 貳 架　木機 —— 架

4. 織機來源：自製　或由何處購買

5. 有無僱工？ 有織 人工資每人 元 計資方法

6. 原料：土紗或洋紗　購買地點 璧山

及方法

7. 三年內產量若干？　今年增減情形及原因

8. 銷售方法：銷場　佣金若干　稅捐若干

9. 有無整染設備？　整染方法

整染費用

10. 產品：類別，寬布 推 疋　窄布 —— 疋

白布 疋　藍布 —— 疋

附註：1. 八九兩項均以疋計算　2. 十項以月計算

調查者 賀樹生 已創卡　36 年 9 月 1 日

璧山县城东乡土布调查表　9-1-245（162）

璧山县城东乡土布调查表　9-1-245（163）

中華平民教育促進會實驗部調查表之七（土布）

璧山縣　城東　鄉　7　保　8甲8户

1. 機户姓名　曾建章　　2. 現在開工或停工　開工

3. 機頭若干：鐵機　壹　架　木機　—　架

4. 織機來源：自製　或由何處購買

5. 有無僱工？　僱工　人　工資每人　元　計資方法

6. 原料：土紗或洋紗　　購買地點　璧山

　　及方法

7. 三年內產量若干？　　今年增減情形及原因

8. 銷售方法：銷場　　佣金若干　　稅捐若干

9. 有無整染設備？　　整染方法

　　整染費用

10. 產品：類別，寬布　拾　疋　窄布　——　疋

　　白布　　疋　藍布　——　疋

附註：1. 八九兩項均以疋計算　2. 十項以月"計"算

158

中華平民教育促進會實驗部調查表之七（土布）

璧山縣 城東 鄉 9 保 8甲 11戶

1. 機戶姓名 賀[illegible]祥　　2. 現在開工或停工 開工

3. 機頭若干：鐵機 貳 架木機 —— 架

4. 織機來源：自製　　或由何處購買

5. 有無僱工？僱工　人工資每人　元計資方法

6. 原料：土紗或洋紗　　購買地點 [illegible]

及方法

7. 三年內產量若干？　　今年增減情形及原因

8. 銷售方法：銷場　　佣金若干　　稅捐若干

9. 有無整染設備？　　整染方法

整染費用

10. 產品：類別，寬布 拾 疋 窄布 —— 疋

白布　　疋 藍布 —— 疋

附註：1. 八九兩項均以疋計算　2. 十項以月"計"算

調查者 賀[illegible]　已制卡　36 年 9 月 1 日

璧山县城东乡土布调查表　9-1-245（164）

璧山县城东乡土布调查表　9-1-245（165）

中華平民教育促進會實驗部調查表之七（土布）

璧山縣　城東鄉　7保　9甲　8戶

1. 機戶姓名　陳照臨　　2. 現在開工或停工　停工

3. 機頭若干：鐵機　弍　架　木機——架

4. 織機來源：自製　或由何處購買

5. 有無僱工？僱工　人工資每人　元　計資方法

6. 原料：土紗或洋紗　購買地點　璧山

　　及方法

7. 三年內產量若干？　今年增減情形及原因

8. 銷售方法：銷場　佣金若干　稅捐若干

9. 有無整染設備？　整染方法

　　整染費用

10. 產品：類別，寬布　指　疋　窄布——疋

　　白布　藍布——疋

附註：1. 八九兩項均以疋計算　2. 十項以月"計"算

中華平民教育促進會實驗部調查表之七（土布）

璧山 縣 城東 鄉 9 保 9甲6戶

1. 機戶姓名 陳世惠　　2. 現在開工或停工 開工

3. 機頭若干：鐵機 弍　　桊木機 —— 架

4. 織機來源：自製　　或由何處購買

5. 有無僱工？僱2　　人工資每人　　元計資方法

6. 原料：土紗或洋紗　　購買地點 璧山

及方法

7. 三年內產量若干？　　今年增減情形及原因

8. 銷售方法：銷場　　佣金若干　　稅捐若干

9. 有無整染設備？　　整染方法

整染費用

10. 產品：類別，寬布 拾 疋　窄布 —— 疋

白布　　疋　藍布 —— 疋

附註：1. 八九兩項均以疋計算　2. 十項以月計算

調查者 [illegible]　36年 9月 1日

璧山县城东乡土布调查表　9-1-245（166）

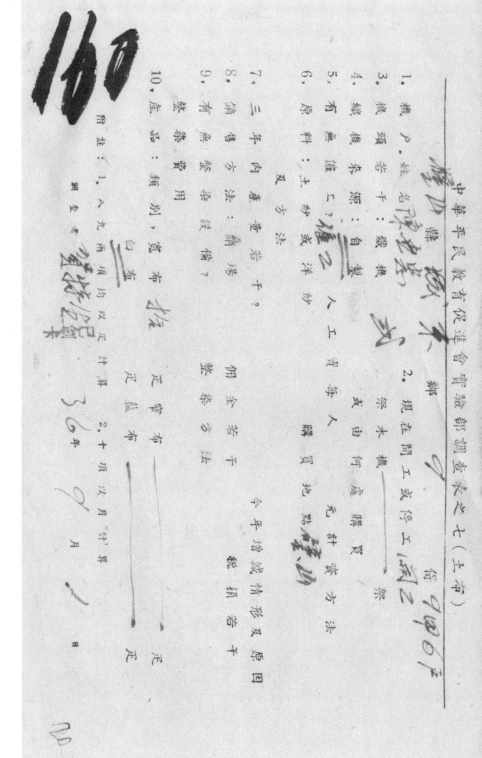

璧山县城东乡土布调查表 9-1-245（167）

中華平民教育促進會實驗部調查表之七（土布）

璧山縣 城東 鄉 9 保 9甲9户

1. 機戶姓名 陳清良　　2. 現在開工或停工 開工

3. 機頭若干：鐵機 式　　架木機———架

4. 鐵機來源：自製　　或由何處購買

5. 有無僱工？僱2 人工資每人　　元計資方法

6. 原料：土紗或洋紗　　購買地點 璧山

及方法

7. 三年內產量若干？　　今年增減情形及原因

8. 銷售方法：銷場　　佣金若干　　稅捐若干

9. 有無整染設備？　　整染方法

整染費用

10. 產品：類別，寬布 拾 疋　窄布———疋

白布　　疋　藍布———疋

附註：1. 八九兩項均以疋計算　2. 十項以月"計"算

168

中華平民教育促進會實驗部調查表之七（土布）

璧山縣 城東 鄉 9 保 7甲12戶

1. 機戶姓名 徐彭興碧　2. 現在開工或停工 開工

3. 機頭若干：鐵機 壹　架木機——架

4. 織機來源：自製　或由何處購買

5. 有無僱工？僱工 人工資每人 元計資方法

6. 原料：土紗或洋紗　購買地點 璧山

及方法

7. 三年內產量若干？　今年增減情形及原因

8. 銷售方法：銷場　佣金若干　稅捐若干

9. 有無整染設備？　整染方法

整染費用

10. 產品：類別，寬布 拾 疋　窄布——疋

白布　疋　藍布——疋

附註：1. 八九兩項均以疋計算　2. 十項以月計算

調查者 賀揚金 36 年 9 月 1 日

璧山县城东乡土布调查表　9-1-245（168）

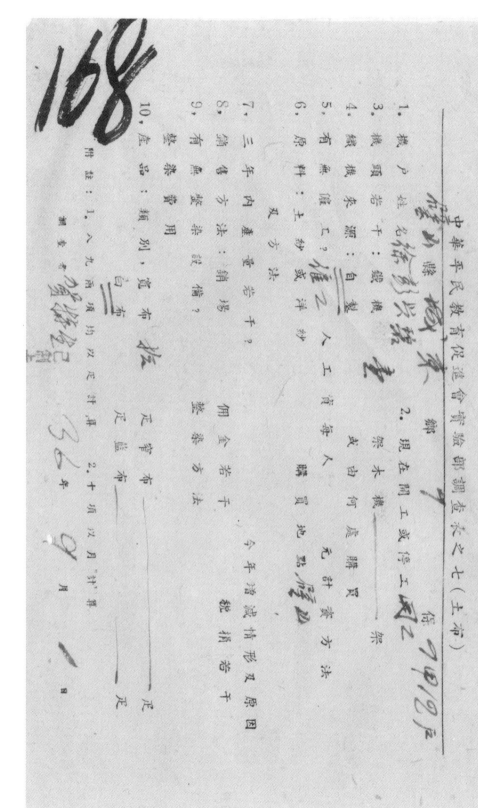

璧山县城东乡土布调查表 9-1-245（169）

中華平民教育促進會實驗部調查表之七（土布）

璧山縣城东鄉 9 保10甲2戶

1. 機戶姓名何海荣　2. 現在開工或停工 开工

3. 機頭若干：鐵機 弍 架木機———架

4. 織機來源：自製　或由何處購買

5. 有無僱工？僱工 人工資每人　元計資方法

6. 原料：土紗或洋紗　購買地點 河
及方法

7. 三年內產量若干？　今年增減情形及原因

8. 銷售方法：銷場　佣金若干　稅捐若干

9. 有無整染設備？　整染方法
整染費用

10. 產品：類別，寬布 拾 疋窄布———疋
白布　疋藍布———疋

附註：1. 八九兩項均以疋計算　2. 十項以月計算

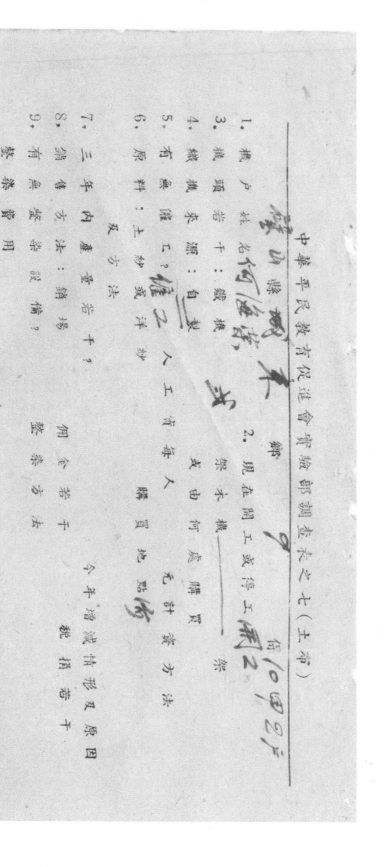

中華平民教育促進會實驗部調查表之七（土布）

璧山縣 城東 鄉 9 保10甲3戶

1. 機戶姓名 尹治清　　2. 現在開工或停工 開工

3. 機頭若干：鐵機 弍 架　木機 架

4. 織機來源：自製　或由何處購買

5. 有無僱工？僱工　人工資每人 元　計資方法

6. 原料：土紗或洋紗　購買地點 璧山

及方法

7. 三年內產量若干？　今年增減情形及原因

8. 銷售方法：銷場　佣金若干　稅捐若干

9. 有無整染設備？　整染方法

整染費用

10. 產品：類別，寬布 拾 疋　窄布 —— 疋

白布　疋　藍布 —— 疋

附註：1. 八九兩項均以疋計算　2. 十項以月"計"算

調查者 賀梓生　已制表　36 年 9 月 1 日

170

璧山县城东乡土布调查表　9-1-245（170）

璧山县城东乡土布调查表　9-1-245（171）

中華平民教育促進會實驗部調查表之七（土布）

璧山縣城東鄉　　保10甲4户

1. 機户姓名陳東林　　2. 現在開工或停工 開工

3. 機頭若干：鐵機 贰　　架木機——架

4. 織機來源：自製　　或由何處購買

5. 有無僱工？僱工　人工資每人　元計資方法

6. 原料：土紗或洋紗　　購買地點璧山

及方法

7. 三年內產量若干？　　今年增減情形及原因

8. 銷售方法：銷場　　佣金若干　　稅捐若干

9. 有無整染設備？　　整染方法

整染費用

10. 產品：類別，寬布 拾 疋　窄布——疋

白布　疋藍布——疋

附註：1. 八九兩項均以疋計算　2. 十項以月計算

中華平民教育促進會實驗部調查表之七（土布）

璧山縣 城東 鄉 9 保 10 甲 5 户

1. 機户姓名 陳方林　　2. 現在開工或停工 停

3. 機頭若干：鐵機 壹 架木機　架

4. 織機來源：自製　　或由何處購買

5. 有無僱工？僱二人　工資每人　元　計資方法

6. 原料：土紗或洋紗　　購買地點 璧山

　及方法

7. 三年內產量若干？　　今年增減情形及原因

8. 銷售方法：銷場　　佣金若干　　稅捐若干

9. 有無整染設備？　　整染方法

　整染費用

10. 產品：類別，寬布 拾 疋　窄布 —— 疋

　白布 三　疋　藍布 —— 疋

附註：1. 八九兩項均以疋計算　2. 十項以月"計"算

調查者 賀[illegible]　36 年 9 月 1 日

璧山县城东乡土布调查表　9-1-245（173）

中華平民教育促進會實驗部調查表之七（土布）

璧山縣　城東　鄉　9　保 10甲 8戶

1. 機戶姓名 胡景榮　　2. 現在開工或停工 開工

3. 機頭若干：鐵機 弍　　架木機 —— 架

4. 織機來源：自製　　或由何處購買

5. 有無僱工？僱工　人工資每人　元計資方法

6. 原料：土紗或洋紗　　購買地點 璧山

及方法

7. 三年內產量若干？　　今年增減情形及原因

8. 銷售方法：銷場　　佣金若干　　稅捐若干

9. 有無整染設備？　　整染方法

整染費用

10. 產品：類別，寬布 拾 疋　窄布 —— 疋

白布　疋　藍布 —— 疋

附註：1. 八九兩項均以疋計算　2. 十項以月"計"算

中華平民教育促進會實驗部調查表之七（土布）

璧山縣 城東 鄉 9 保 11甲24戶

1. 機戶姓名 趙銀軒　　2. 現在開工或停工 開工

3. 機頭若干：鐵機 壹 架 木機 —— 架

4. 織機來源：自製　　或由何處購買

5. 有無僱工？僱二 人 工資每人　　元 計資方法

6. 原料：土紗或洋紗　　購買地點 璧山

及方法

7. 三年內產量若干？　　今年增減情形及原因

8. 銷售方法：銷場　　佣金若干　　稅捐若干

9. 有無整染設備？　　整染方法

整染費用

10. 產品：類別，寬布 搭 疋 窄布 —— 疋

白布　　疋 藍布 —— 疋

附註：1. 八九兩項均以疋計算　2. 十項以月計算

調查者 賀才生　36 年 9 月 1 日

璧山县城东乡土布调查表　9-1-245（175）

中華平民教育促進會實驗部調查表之七（土布）

璧山縣　城东　鄉　9　保　11甲6户

1. 機户姓名 楊啟進　　2. 現在開工或停工 停

3. 機頭若干：鐵機　贰　　架木機 ——— 架

4. 織機來源：自製　　或由何處購買

5. 有無僱工？僱工　人工資每人　　元計資方法

6. 原料：土紗或洋紗　　購買地點 璧山
　　及方法

7. 三年內產量若干？　　今年增減情形及原因

8. 銷售方法：銷場　　佣金若干　　稅捐若干

9. 有無整染設備？　　整染方法
　　整染費用

10. 產品：類別，寬布 拾 疋　窄布 ——— 疋
　　白布　　藍布 ——— 疋

附註：1. 八九兩項均以疋計算　2. 十項以月計算

年　8　月　1　日

中華平民教育促進會實驗部調查表之七（土布）

璧山縣 城東 鄉 9 保 11甲5户

1. 機戶姓名 林同祥　　2. 現在開工或停工 停

3. 機頭若干：鐵機 壹 架木機 架

4. 織機來源：自製　　或由何處購買

5. 有無僱工？僱工　人工資每人　元計資方法

6. 原料：土紗或洋紗　　購買地點

及方法

7. 三年內產量若干？　　今年增減情形及原因

8. 銷售方法：銷場　　佣金若干　　稅捐若干

9. 有無整染設備？　　整染方法

整染費用

10. 產品：類別，寬布 拾 疋窄布 —— 疋

白布　疋藍布 —— 疋

附註：1. 八九兩項均以疋計算　2. 十項以月"計"算

調查者 賀特生　36 年 9 月 1 日

176

璧山县城东乡土布调查表　9-1-245（176）

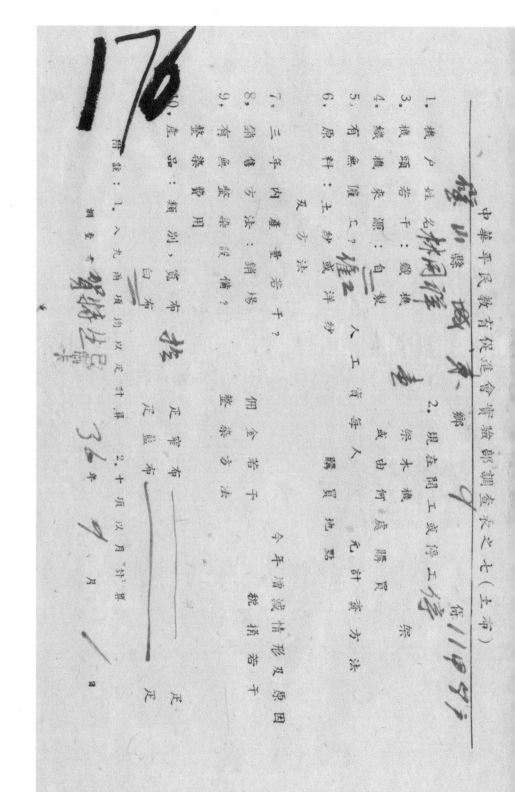

璧山县城东乡土布调查表　9-1-245（177）

中華平民教育促進會實驗部調查表之七（土布）

璧山縣　城東鄉　9保11甲9户

1. 機戶姓名 林廣臣　2. 現在開工或停工

3. 機頭若干：鐵機 壹 架木機——架

4. 織機來源：自製　或由何處購買

5. 有無僱工？僱工 人工資每人 元計資方法

6. 原料：土紗或洋紗　購買地點 璧山

及方法

7. 三年內產量若干？　今年增減情形及原因

8. 銷售方法：銷場　佣金若干　稅捐若干

9. 有無整染設備？　整染方法

整染費用

10. 產品：類別，寬布 拾 疋窄布——疋

白布　疋藍布——疋

附註：1. 八九兩項均以疋計算　2. 十項以月計算

中華平民教育促進會實驗部調查表之七（土布）

璧山縣　城東　鄉　9　保 11甲10戶

1. 機戶姓名 傅銀河　　2. 現在開工或停工 停工

3. 機頭若干：鐵機 壹　架木機 —— 架

4. 織機來源：自製　或由何處購買

5. 有無僱工？僱工 人工資每人 元計資方法

6. 原料：土紗或洋紗　購買地點 璧山

及方法

7. 三年內產量若干？　今年增減情形及原因

8. 銷售方法：銷場　佣金若干　稅捐若干

9. 有無整染設備？　整染方法

整染費用

10. 產品：類別，寬布 拾 疋 窄布 —— 疋

白布　疋 藍布 —— 疋

附註：1. 八九兩項均以疋計算　2. 十項以月"計"算

調查者 賀[illegible]生　36 年 9 月 1 日

璧山县城东乡土布调查表　9-1-245（178）

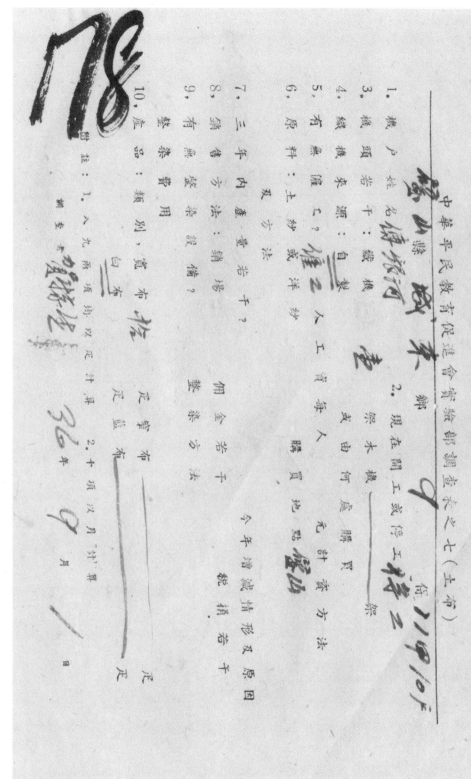

璧山县城东乡土布调查表　9-1-245（179）

中華平民教育促進會實驗部調查表之七（土布）

璧山 縣 城東 鄉 9 保 12甲11戶

1. 機戶姓名 鍾林　　2. 現在開工或停工 停工

3. 機頭若干：鐵機 壹 架　木機 —— 架

4. 織機來源：自製　或由何處購買

5. 有無僱工？僱工　人　工資每人　元　計資方法

6. 原料：土紗或洋紗　購買地點 璧山
及方法

7. 三年內產量若干？　今年增減情形及原因

8. 銷售方法：銷場　佣金若干　稅捐若干

9. 有無整染設備？　整染方法
整染費用

10. 產品：類別，寬布 拾 疋　窄布 —— 疋
白布 二 疋　藍布 —— 疋

附註：1. 八九兩項均以疋計算　2. 十項以月計算

調查者 賀培生　36 年 9 月 1 日

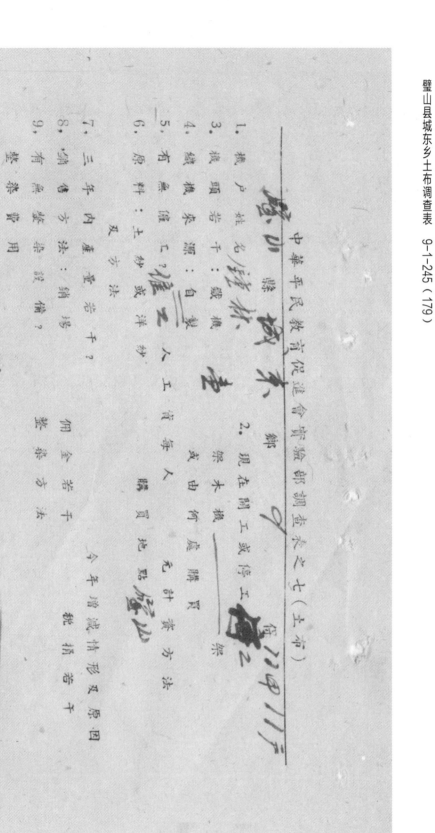

璧山县城东乡土布调查表　9-1-245（180）

180

中華平民教育促進會實驗部調查表之七（土布）

璧山縣　城東　鄉　9　保　11甲12戶

1. 機戶姓名　林乃達　　2. 現在開工或停工　停工

3. 機頭若干：鐵機　壹　架木機　架

4. 織機來源：自製　或由何處購買

5. 有無僱工？自織　人工資每人　元計資方法

6. 原料：土紗或洋紗　購買地點　璧山

及方法

7. 三年內產量若干？　今年增減情形及原因

8. 銷售方法：銷場　佣金若干　稅捐若干

9. 有無整染設備？　整染方法

整染費用

10. 產品：類別，寬布　拾　疋窄布　——　疋

白布　疋藍布　——　疋

附註：1. 八九兩項均以疋計算　2. 十項以月"計"算

調查者　曾特生　36年　9月　1日

璧山县城东乡土布调查表　9-1-245（181）

中華平民教育促進會實驗部調查表之七（土布）

璧山縣城东鄉　9　保　11甲13户

1. 機户姓名 林炳武　　2. 現在開工或停工 開工

3. 機頭若干：鐵機 弍　架木機 ——　架

4. 織機來源：自製　或由何處購買

5. 有無僱工？僱工　人工資每人　元計資方法

6. 原料：土紗或洋紗　購買地點 璧山

　　及方法

7. 三年內產量若干？　今年增減情形及原因

8. 銷售方法：銷場　佣金若干　稅捐若干

9. 有無整染設備？　整染方法

　　整染費用

10. 產品：類別，寬布 指　疋窄布 ——　疋

　　白布　疋藍布 ——　疋

附註：1. 八九兩項均以疋計算　2. 十項以月"計"算

調查者 賀[illegible]　26 年 9 月 1 日

中華平民教育促進會實驗部調查表之七（土布）

璧山縣 城東 鄉 九 保 一甲

1. 機戶姓名 陳倫　2. 現在開工或停工 停

3. 機頭若干：鐵機 弍 架木機 架

4. 織機來源：自製 自 或由何處購買

5. 有無僱工？ 人工資每人 元計資方法

6. 原料：土紗或洋紗 購買地點 倫

及方法

7. 三年內產量若干？ 今年增減情形及原因

8. 銷售方法：銷場 佣金若干 稅捐若干

9. 有無整染設備？ 整染方法

整染費用

10. 產品：類別，寬布 十七 疋窄布 疋

白布 疋藍布 疋

附註：1. 八九兩項均以疋計算　2. 十項以月計算

調查者　年　月　日

182

璧山县城东乡土布调查表　9-1-245（182）

璧山县城东乡土布调查表 9-1-245（183）

中華平民教育促進會實驗部調查表之七（土布）

璧山縣 城東 鄉 9 保 1甲6户

1. 機戶姓名 盧祖華　　2. 現在開工或停工

3. 機頭若干：鐵機 壹 架 木機 架

4. 織機來源：自製　　或由何處購買

5. 有無僱工？僱工　人　工資每人　元　計資方法

6. 原料：土紗或洋紗　　購買地點 璧山

及方法

7. 三年內產量若干？　　今年增減情形及原因

8. 銷售方法：銷場　　佣金若干　　稅捐若干

9. 有無整染設備？　　整染方法

整染費用

10. 產品：類別，寬布 指 疋 窄布 —— 疋

白布　　疋 藍布 —— 疋

附註：1. 八九兩項均以疋計算　2. 十項以月計算

中華平民教育促進會實驗部調查表之七（土布）

璧山縣 城東 鄉 7 保 9甲 14戶

1. 機戶姓名 秦松雲　　2. 現在開工或停工 停

3. 機頭若干：鐵機 弍 架　木機 架

4. 織機來源：自製　或由何處購買

5，有無雇工？ 無　人工資每人 元　計資方法

6，原料：土紗或洋紗　購買地點 璧山

及方法

7，三年內產量若干？　今年增減情形及原因

8，銷售方法：銷場　佣金若干　稅捐若干

9，有無整染設備？　整染方法

整染費用

10，產品：類別，寬布 拾 疋　窄布 ———— 疋

白布　疋　藍布 ———— 疋

附註：1. 八九兩項均以疋計算　2. 十項以月計算

調查者 賀特生　36 年 9 月 1 日

184

璧山县城东乡土布调查表　9-1-245（184）

璧山县城东乡土布调查表 9-1-245（185）

中華平民教育促進會實驗部調查表之七（土布）

璧山 縣 城東 鄉 乡 保 9甲11户

1. 機戶姓名 江楷氏 2. 現在開工或停工 停

3. 機頭若干：鐵機 壹 架 木機 —— 架

4. 織機來源：自製 或由何處購買

5，有無僱工？僱工 人 工資每人 元 計資方法

6，原料：土紗或洋紗 購買地點 璧山
及方法

7，三年內產量若干？ 今年增減情形及原因

8，銷售方法：銷場 佣金若干 稅捐若干

9，有無整染設備？ 整染方法
整染費用

10，產品：類別，寬布 拾 疋 窄布 —— 疋
白布 疋 藍布 —— 疋

附註：1. 八九兩項均以疋計算 2. 十項以月計算

中華平民教育促進會實驗部調查表之七（土布）

璧山縣 城東 鄉 9 保 6甲7戶

1. 機戶姓名 戴海榮　　2. 現在開工或停工

3. 機頭若干：鐵機 壹 架 木機 架

4. 織機來源：自製　或由何處購買

5. 有無僱工？自織　人工資每人 元 計資方法

6. 原料：土紗或洋紗　購買地點 璧山

及方法

7. 三年內產量若干？　今年增減情形及原因

8. 銷售方法：銷場　佣金若干　稅捐若干

9. 有無整染設備？　整染方法

整染費用

10. 產品：類別，寬布 拾 疋 窄布 —— 疋

白布　疋 藍布 —— 疋

附註：1. 八九兩項均以疋計算　2. 十項以月計算

調查者 賀特生　36 年 9 月 1 日

璧山县城东乡土布调查表　9-1-245（186）

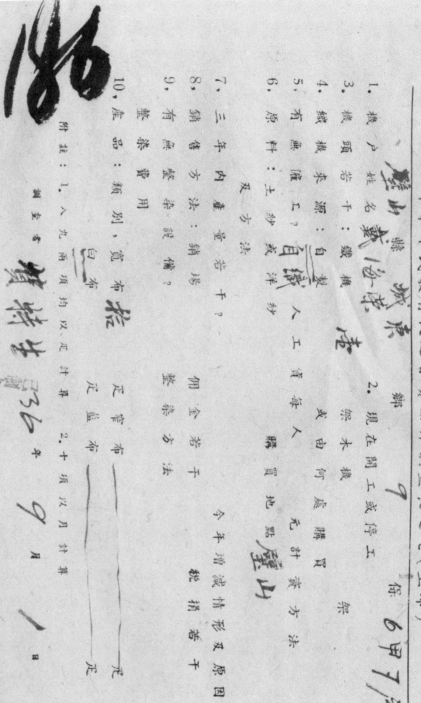

璧山县城东乡土布调查表　9-1-245（187）

中華平民教育促進會實驗部調查表之七（土布）

璧山縣　城東　鄉　7　保　5甲18户

1. 機户姓名　雷榮森　　2. 現在開工或停工　停

3. 機頭若干：鐵機　弍　架木機　架

4. 織機來源：自製　或由何處購買

5. 有無雇工？雇工　人工資每人　元計資方法

6. 原料：土紗或洋紗　購買地點　璧山

及方法

7. 三年内產量若干？　今年增減情形及原因

8. 銷售方法：銷場　佣金若干　稅捐若干

9. 有無整染設備？　整染方法

整染費用

10. 產品：類别，寬布　拾　疋　窄布＿＿＿疋

白布　疋　藍布＿＿＿疋

附註：1. 八九兩項均以疋計算　2. 十項以月計算

188

中華平民教育促進會實驗部調查表之七（土布）

璧山縣 城東 鄉 9 保 9甲13戶

1. 機戶姓名 任[redacted]松林　　2. 現在開工或停工 停工

3. 機頭若干：鐵機 弍 架 木機 架

4. 織機來源：自製　　或由何處購買

5. 有無僱工？僱工 人 工資每人 元 計資方法

6. 原料：土紗或洋紗　　購買地點

及方法

7. 三年內產量若干？　　今年增減情形及原因

8. 銷售方法：銷場　　佣金若干　　稅捐若干

9. 有無整染設備？　　整染方法

整染費用

10. 產品：類別，寬布 疋 窄布 —— 疋

白布 疋 藍布 —— 疋

附註：1. 八九兩項均以疋計算　2. 十項以月計算

調查者 賀特生 36 年 9 月 1 日

璧山县城东乡土布调查表　9-1-245（188）

璧山县城东乡土布调查表　9-1-245（189）

中華平民教育促進會實驗部調查表之七（土布）

璧山縣　城東鄉　[illegible]　保　5甲[illegible]

1. 機户姓名　張東臣　　2. 現在開工或停工　停

3. 機頭若干：鐵機　壹　架　木機　架

4. 織機來源：自製　　或由何處購買

5. 有無僱工？自織　人　工資每人　元　計資方法

6. 原料：土紗或洋紗　　購買地點　璧山

及方法

7. 三年内產量若干？　　今年增減情形及原因

8. 銷售方法：銷場　　佣金若干　　稅捐若干

9. 有無整染設備？　　整染方法

整染費用

10. 產品：類別，寬布　拾　疋　窄布　疋

白布　疋　藍布　疋

附註：1. 八九兩項均以疋計算　2. 十項以月計算

中華平民教育促進會實驗部調查表之七（土布）

璧山 縣 城东 鄉 保 8甲7户

1. 機户姓名 陳林甫　　2. 現在開工或停工 停

3. 機頭若干：鐵機 壹 架木機 ———— 架

4. 織機來源：自製　　或由何處購買

5. 有無僱工？ 自織　人工資每人　　元計資方法

6. 原料：土紗或洋紗　　購買地點 璧山

及方法

7. 三年內產量若干？　　今年增減情形及原因

8. 銷售方法：銷場　　佣金若干　　稅捐若干

9. 有無整染設備？　　整染方法

整染費用

10. 產品：類別，寬布 拾 疋窄布 ———— 疋

白布　　疋藍布 ———— 疋

附註：1. 八九兩項均以疋計算　2. 十項以月計算

調查者 賀樹生　36 年 9 月 1 日

壁山县城东乡土布调查表　9-1-245（190）

璧山县城东乡土布调查表　9-1-245（191）

中華平民教育促進會實驗部調查表之七（土布）

璧山縣　城東鄉　9保　9甲1户

1．機户姓名 胡仲清　　2．現在開工或停工 停

3．機頭若干：鐵機 壹　架木機　架

4．織機来源：自製 買　或由何處購買

5．有無僱工？僱工　人工資每人　元計資方法

6．原料：土紗或洋紗　購買地點 璧山

及方法

7．三年内產量若干？　今年增减情形及原因

8．銷售方法：銷場　佣金若干　税捐若干

9．有無整染設備？　整染方法

整染費用

10．產品：類别，寬布 條 疋　窄布　疋

白布　疋　藍布　疋

附註：1．八九兩項均以疋計算　2．十項以月計算

調查者 [illegible]　21年　9月　7日

中華平民教育促進會實驗部調查表之七（土布）

璧山縣 城東 鄉 9 保 3甲5戶

1. 機戶姓名 何貴明 2. 現在開工或停工 停

3. 機頭若干：鐵機 壹 架 木機 —— 架

4. 織機來源：自製 或由何處購買

5. 有無僱工？自織 人 工資每人 元 計資方法

6. 原料：土紗或洋紗 購買地點 璧山

及方法

7. 三年內產量若干？ 今年增減情形及原因

8. 銷售方法：銷場 佣金若干 稅捐若干

9. 有無整染設備？ 整染方法

整染費用

10. 產品：類別，寬布 拾 疋 窄布 —— 疋

白布 疋 藍布 —— 疋

附註：1. 八九兩項均以疋計算 2. 十項以月計算

調查者 賀梓生 36 年 9 月 1 日

璧山县城东乡土布调查表 9-1-245（192）

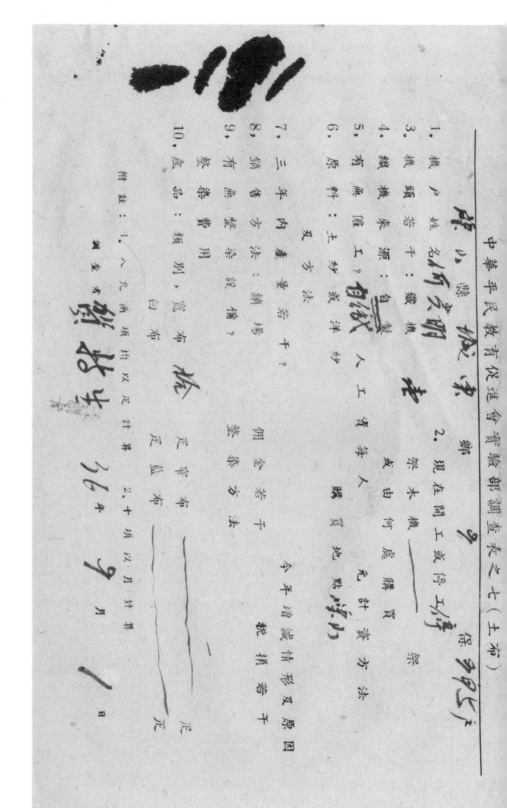

璧山县城东乡土布调查表　9-1-245（193）

中華平民教育促進會實驗部調查表之七（土布）

璧山 縣 城東 鄉 9 保 9甲7户

1. 機户姓名 胡德云　2. 現在開工或停工 停

3. 機頭若干：鐵機 壹　架木機 ——— 架

4. 織機來源：自製　或由何處購買

5，有無僱工？自織　人工資，每人　元　計資方法

6. 原料：土紗或洋紗　購買地點 璧山

及方法

7，三年內產量若干？　今年增減情形及原因

8，銷售方法：銷場　佣金若干　稅捐若干

9，有無整染設備？　整染方法

整染費用

10，產品：類別，寬布 拾 疋　窄布 ——— 疋

白布　疋　藍布 ——— 疋

附註：1. 八九兩項均以疋計算　2. 十項以月計算

調查者 曾特生　36 年 9 月 1 日

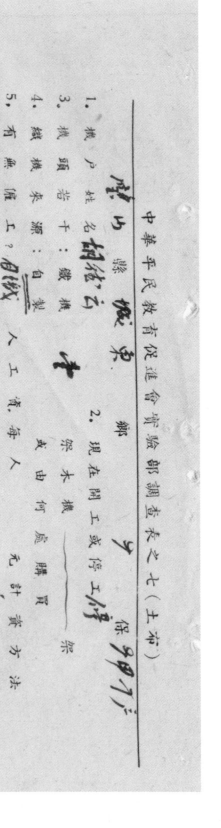

中華平民教育促進會實驗部調查表之七（土布）

璧山縣 城東 鄉 9 保 11甲7户

1. 機户姓名 張東臣　　2. 現在開工或停工 停

3. 機頭若干：鐵機 壹　　架木機 —— 架

4. 織機來源：自製 買　　或由何處購買

5. 有無僱工？自織　人工資每人　元計資方法

6. 原料：土紗或洋紗　　購買地點 璧山

及方法　　　今年增減情形及原因

7. 三年內產量若干？

8. 銷售方法：銷場　　佣金若干　　稅捐若干

9. 有無整染設備？　　整染方法

整染費用

10. 產品：類別，寬布 [illegible] 疋　窄布 —— 疋

白布　疋　藍布 —— 疋

附註：1. 八九兩項均以疋計算　2. 十項以月計算

調查者 賀[illegible]生　已制卡　36 年 9 月 1 日

璧山县城东乡土布调查表　9-1-245（194）

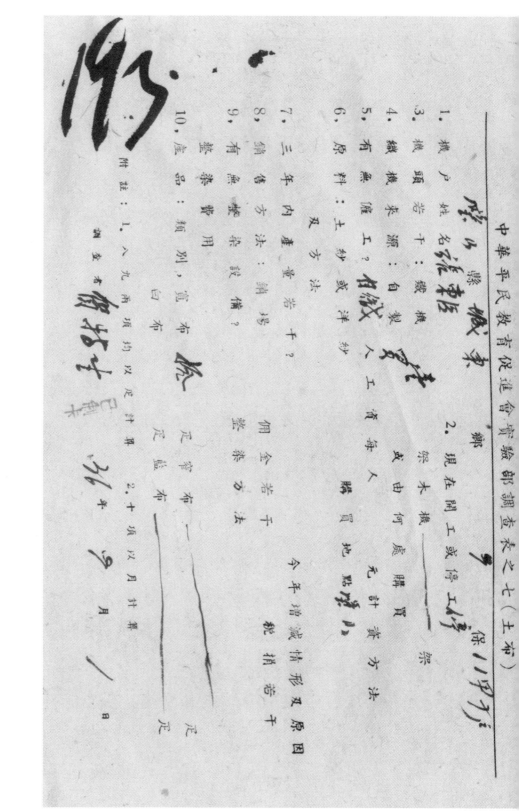

璧山县城东乡土布调查表　9-1-245（195）

中華平民教育促進會實驗部調查表之七（土布）

璧山縣城東鄉 9 保 6甲 8户

1. 機户姓名 唐樹遠　2. 現在開工或停工 停

3. 機頭若干：鐵機 弍 架 木機 架

4. 織機來源：自製 或由何處購買

5. 有無僱工？僱工 人 工資每人 元 計資方法

6. 原料：土紗或洋紗 購買地點 璧山

及方法

7. 三年内產量若干？ 今年增减情形及原因

8. 銷售方法：銷場 佣金若干 稅捐若干

9. 有無整染設備？ 整染方法

整染費用

10. 產品：類別，寬布 苍 疋 窄布 —— 疋

白布 三 疋 藍布 —— 疋

附註：1. 八九兩項均以疋計算　2. 十項以月計算

調查者 [illegible] 年 8 月 1 日

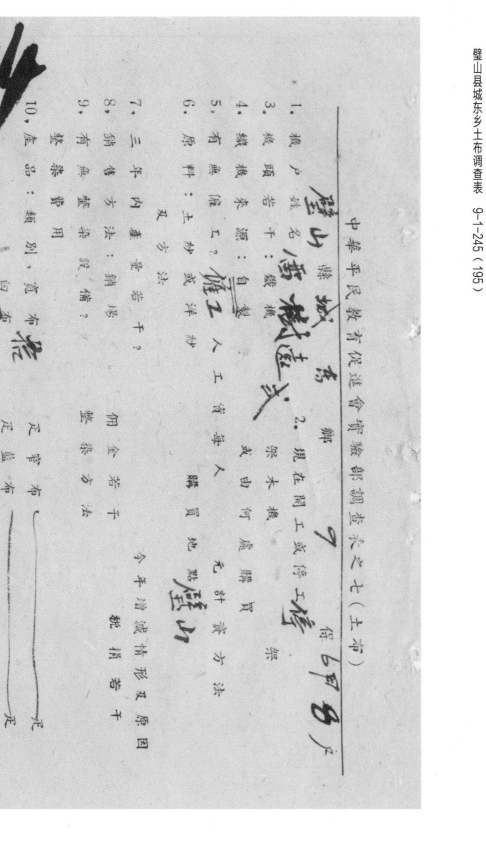

195

中華平民教育促進會實驗部調查表之七（土布）

璧山縣 城東 鄉 9 保 6甲5户

1. 機户姓名 蒋雷叔远　　2. 現在開工或停工 停

3. 機頭若干：鐵機 壹 架 木機 架

4. 織機來源：自製 或由何處購買

5. 有無雇工？雇工 人 工資每人 元 計資方法

6. 原料：土紗或洋紗 購買地點 璧山

及方法

7. 三年内產量若干？ 今年增減情形及原因

8. 銷售方法：銷場 佣金若干 税捐若干

9. 有無整染設備？ 整染方法

整染費用

10. 產品：類别，寬布 挂 疋 窄布 —— 疋

白布 疋 藍布 —— 疋

附註：1. 八九兩項均以疋計算　2. 十項以月計算

調查者 贺特生 已制卡 36 年 9 月 1 日

璧山县城东乡土布调查表　9-1-245（196）

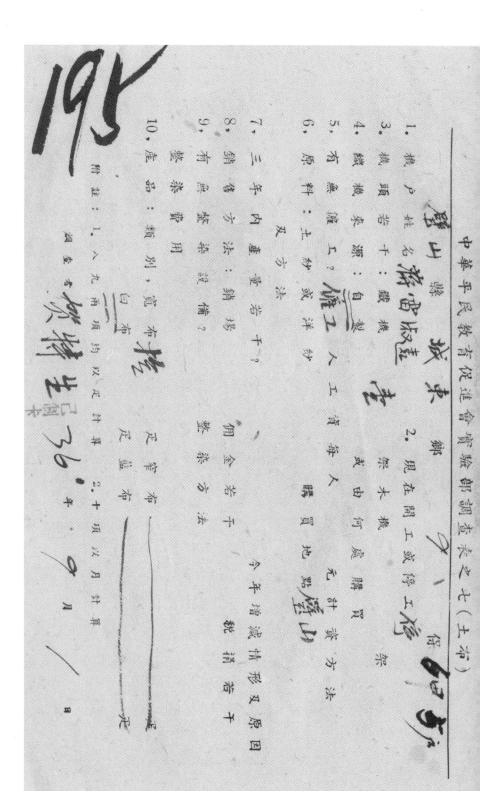

璧山县城东乡土布调查表　9-1-245（197）

中華平民教育促進會實驗部調查表之七（土布）

璧山縣　城东　鄉　9　保　乙甲

1．機戶姓名　陈桐芬　　2．現在開工或停工

3．機頭若干：鐵機　壹　架木機　架

4．織機來源：自製　或由何處購買

5．有無僱工？僱工　人工資每人　元計資方法

6．原料：土紗或洋紗　購買地點　璧山

及方法

7．三年內產量若干？　今年增減情形及原因

8．銷售方法：銷場　佣金若干　稅捐若干

9．有無整染設備？　整染方法

整染費用

10．產品：類別，寬布　拾　疋窄布　疋

白布　疋藍布　疋

附註：1．八九兩項均以疋計算　2．十項以月計算

中華平民教育促進會實驗部調查表之七（土布）

壁山縣 城东 鄉 9 保 5甲5戶

1. 機戶姓名 雷瑞廷　　2. 現在開工或停工 停工

3. 機頭若干：鐵機 壹 架　木機 架

4. 織機來源：自製　或由何處購買

5，有無僱工？僱工 人　工資每人 元　計資方法

6．原料：土紗或洋紗　購買地點 壁山

及方法

7，三年內產量若干？　今年增減情形及原因

8，銷售方法：銷場　佣金若干　稅捐若干

9，有無整染設備？　整染方法

整染費用

10，產品：類別，寬布 拾 疋　窄布 —— 疋

白布 疋　藍布 —— 疋

附註：1. 八九兩項均以疋計算　2. 十項以月計算

調查者 賀特生　36 年 9 月 1 日

197

璧山县城东乡土布调查表　9-1-245（199）

中華平民教育促進會實驗部調查表之七（土布）

璧山 縣 城東 鄉 九 保

1. 機戶姓名 江吼武　2. 現在開工或停工

3. 機頭若干：鐵機 二　架木機　架

4. 織機來源：自製　或由何處購買 璧山

5，有無僱工？ 無　工人工資每人　元計資方法

6，原料：土紗或洋紗　購買地點 璧山

及方法

7，三年內產量若干？　今年增減情形及原因

8，銷售方法：銷場　佣金若干　稅捐若干

9，有無整染設備？　整染方法

整染費用

10，產品：類別，寬布 拾 疋　窄布　疋

白布　疋　藍布　疋

註：1. 八九兩項均以疋計算　2. 十項以月"計算

199

中華平民教育促進會實驗部調查表之七（土布）

璧山 縣 城東 鄉 九 保 十の甲十三户

1. 機戶姓名 蕭章斌　2. 現在開工或停工 停工

3. 機頭若干：鐵機 壹 架 木機 架

4. 織機來源：自製 自 或由何處購買

5，有無僱工？ 人 工資每人 元 計資方法

6. 原料：土紗或洋紗 洋紗 購買地點 渝

及方法

7，三年內產量若干？ 今年增減情形及原因

8，銷售方法：銷場 佣金若干 稅捐若干

9，有無整染設備？ 整染方法

整染費用

10，產品：類別，寬布 拾 疋 窄布 —— 疋

白布 疋 藍布 —— 疋

附註：1. 八九兩項均以疋計算　2. 十項以月計算

調查者 賀特生 36 年 9 月 1 日

璧山县城东乡土布调查表　9-1-245（200）

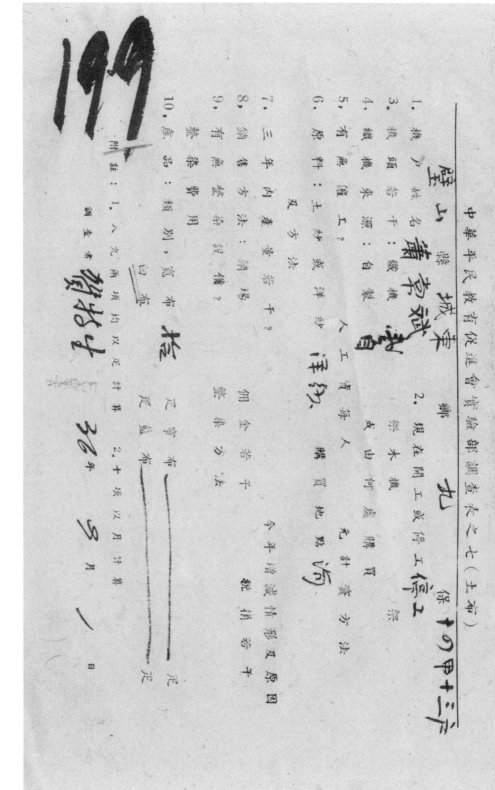

璧山县城东乡土布调查表　9-1-245（201）

中華平民教育促進會實驗部調查表之七（土布）

璧山縣 城東 鄉 9 保 13甲 1

1. 機戶姓名 廖海榮　2. 現在開工或停工 停

3. 機頭若干：鐵機 貳　架木機　架

4. 織機來源：自製　或由何處購買

5. 有無僱工？僱工 人工資每人　元計資方法

6. 原料：土紗或洋紗　購買地點 璧山

及方法

7. 三年內產量若干？　今年增減情形及原因

8. 銷售方法：銷場　佣金若干　稅捐若干

9. 有無整染設備？　整染方法

整染費用

10. 產品：類別，寬布 指　疋窄布　疋

白布　疋藍布　疋

附註：1. 八九兩項均以疋計算　2. 十項以月計算

中華平民教育促進會實驗部調查表之七（土布）

璧山縣 城东 鄉 9 保 13甲 14户

1. 機戶姓名 肖焕章　　2. 現在開工或停工 停工

3. 機頭若干：鐵機 弍 架 木機 架

4. 織機來源：自製　　或由何處購買

5. 有無僱工？僱工 人 工資每人 元 計資方法

6. 原料：土紗或洋紗　　購買地點 璧山

及方法

7. 三年內產量若干？　　今年增減情形及原因

8. 銷售方法：銷場　　佣金若干　　稅捐若干

9. 有無整染設備？　　整染方法

整染費用

10. 產品：類別，寬布 拾 疋 窄布 —— 疋

白布　　疋 藍布 —— 疋

附註：1. 八九兩項均以疋計算　2. 十項以月計算

調查者 賀特生　36 年 9 月 1 日

201

璧山县城东乡土布调查表　9-1-245（202）

璧山县城东乡土布调查表　9-1-245（203）

中華平民教育促進會實驗部調查表之七（土布）

璧山 縣 城东 鄉 9 保 13甲 12户

1. 機户姓名 蕭榮林　2. 現在開工或停工 停工

3. 機頭若干：鐵機 壹 架 木機 架

4. 織機來源：自製 或由何處購買

5. 有無僱工？僱工 人 工資每人 元 計資方法

6. 原料：土紗或洋紗 購買地點 璧山

及方法

7. 三年內產量若干？ 今年增減情形及原因

8. 銷售方法：銷場 佣金若干 稅捐若干

9. 有無整染設備？ 整染方法

整染費用

10. 產品：類別，寬布 拾 疋 窄布 ______ 疋

白布 疋 藍布 ______ 疋

附註：1. 八九兩項均以疋計算　2. 十項以月計算

中華平民教育促進會實驗部調查表之七（土布）

璧山縣 城東 鄉 9 保 1甲15户

1. 機户姓名 陳倫 2. 現在開工或停工 停

3. 機頭若干：鐵機 弍 架 木機 架

4. 織機來源：自製 或由何處購買

5、有無僱工？ 僱工 人 工資每人 元 計資方法

6、原料：土紗或洋紗 購買地點 璧山

及方法

7、三年内產量若干？ 今年增減情形及原因

8、銷售方法：銷場 佣金若干 税捐若干

9、有無整染設備？ 整染方法

整染費用

10、產品：類别，寬布 苍 疋 窄布 疋

白布 疋 藍布 疋

附註：1. 八九兩項均以疋計算 2. 十項以月計算

調查者 賀特生 已制卡 36 年 9 月 1 日

203

璧山县城东乡土布调查表 9-1-245（204）

璧山县城东乡土布调查表　9-1-245（205）

204

中華平民教育促進會實驗部調查表之七（土布）

璧山縣　城東鄉　9保　2甲1户

1．機户姓名　錢孝思　　2．現在開工或停工　停

3．機頭若干：鐵機　弍　架木機　架

4．織機來源：自製　或由何處購買

5．有無雇工？雇工　人工資每人　元計資方法

6．原料：土紗或洋紗　　購買地點　璧山
　　及方法

7．三年内產量若干？　　今年增減情形及原因

8．銷售方法：銷場　佣金若干　税捐若干

9．有無整染設備？　整染方法
　　整染費用

10．產品：類别，寬布　拾　疋窄布——疋
　　白布　疋藍布——疋

附註：1．八九兩項均以疋計算　2．十項以月計算

中華平民教育促進會實驗部調查表之七（土布）

璧山 縣 城東 鄉 9 保 5甲7户

1. 機户姓名 杜服五　　2. 現在開工或停工 開工

3. 機頭若干：鐵機 壹　　架木機 —— 架

4. 織機來源：自製　　或由何處購買

5，有無僱工？自僱　人工資每人　　元計資方法

6，原料：土紗或洋紗　　購買地點 璧山

及方法

7，三年內產量若干？　　今年增減情形及原因

8，銷售方法：銷場　　佣金若干　　稅捐若干

9，有無整染設備？　　整染方法

整染費用

10，產品：類別，寬布 拾 疋　窄布 —— 疋

白布　　疋　藍布 —— 疋

附註：1. 八九兩項均以疋計算　2. 十項以月計算

調查者 樊特生　38年 9月 1日

205

壁山县城东乡土布调查表　9-1-245（206）

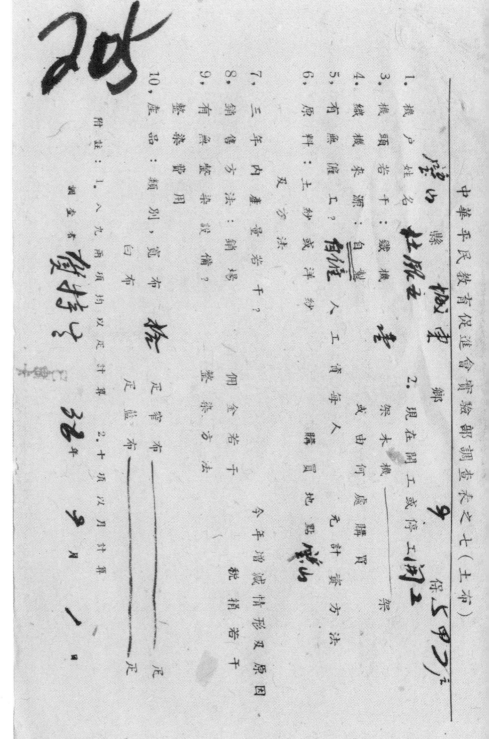

璧山县城东乡土布调查表　9-1-245（207）

中華平民教育促進會實驗部調查表之七（土布）

璧山縣 城东 鄉 9 保 13甲/ 户

1. 機户姓名 萧以章　2. 現在開工或停工 停
3. 機頭若干：鐵機 弍 架 木機 架
4. 織機來源：自製 或由何處購買
5, 有無僱工？ 僱工 人 工資每人 元 計資方法
6, 原料：土紗或洋紗 購買地點 璧山
及方法
7, 三年內產量若干？ 今年增減情形及原因
8, 銷售方法：銷場 佣金若干 稅捐若干
9, 有無整染設備？ 整染方法
整染費用
10, 產品：類別，寬布 拾 疋 窄布 —— 疋
白布 疋 藍布 —— 疋

附註：1. 八九兩項均以疋計算　2. 十項以月計算

209

中華平民教育促進會實驗部調查表之七（土布）

璧山 縣 城東 鄉 九 保 十三甲 十户

1. 機戶姓名 肖伍氏　　2. 現在開工或停工 停

3. 機頭若干：鐵機 壹　　架木機 — 架

4. 織機來源：自製　　或由何處購買

5. 有無僱工？　　人工資每人　　元計資方法

6. 原料：土紗或洋紗 洋紗　　購買地點 重慶

及方法

7. 三年內產量若干？　　今年增減情形及原因

8. 銷售方法：銷場　　佣金若干　　稅捐若干

9. 有無整染設備？　　整染方法

整染費用

10. 產品：類別，寬布 拾 疋 窄布　疋

白布　疋 藍布　疋

附註：1. 八九兩項均以疋計算　2. 十項以月計算

調查者　　36 年 十 月 1 日

壁山县城东乡土布调查表　9-1-245（208）

华西实验区工作说明丛刊：怎样做户口调查 9-1-29（116）

62

工作說明叢刊

怎樣做户口調查

中華平民教育促進會華西實驗區編印

目錄

华西实验区工作说明丛刊：怎样做户口调查 9-1-29（118）

目録

64

壹：戶口概況調查的[illegible]如何進行調查：

一、幾個基本概念：

（一）戶的定義：凡同居同食或共同生活的人謂之一戶。戶就是指一家，一家就是一戶，雖屬一家而分居的各爲一戶，分產而仍然同住的也是各爲一戶，僧道寺院以一寺院爲一戶，機關學校以一機關一學校爲一戶，在同一救濟機關留養，沒有本籍或本籍不明的人，就合爲一戶。

（二）計算人口的標準：

甲、時間的標準：決定一個普查日，以這一個普查日爲標準，凡是普查日以前的人口現象，都在被調查之列。

乙、地域的標準，分兩項說明如下：

（1）籍貫人口：計算人口總數時，只計算籍貫人口的總數，所以用這種標準計算出來的人口總數，就是本籍現住人口及本籍他往人口之和。

（2）通常住所人口：就是用通常住所人口爲標準來計算人口的總數，即是本籍現住人口與非本籍現住人口之和，用這種標準計算

华西实验区工作说明丛刊：怎样做户口调查 9-1-29（120）

出來的人口總數，就不包括本籍他往人口。

二、如何進行調查：

（一）調查前之宣傳工作：用文字，圖畫或口頭宣傳，利用趕場或保民大會等類的集會，以鄉鎮保甲長爲指導人，以保校民教主任及各保校中心校教師爲宣傳員，儘量向被調查者解釋戶口調查工作之重要和意義，宣傳工作做得好，在調查時就可以減少很多不必要的阻礙和困難。

（二）調查前之編戶工作：

甲、編戶册的功用：

（1）可以告訴我們全調查區中的戶數和男女人口數。

（2）可以知道各戶長或主管人是誰，於正式調查時，就可以直接尋問戶長。

（3）隨時幫助你校對你的調查情形。

（4）按編戶册的順序，就自然的規定你的調查路線。

（5）可以知道你調查的區域內有多少機關，有多少寺廟和普通戶等。

乙、編戶册的項目及塡法：

65

（1）戶號：按照各戶地域的順序填1.2.3.等數字。
（2）原有戶號：指縣府戶籍門牌上之戶號，照原有戶號填寫。
（3）坐落地點：填該戶所在之鄉鎮街道名稱。
（4）戶別：分別填普通戶、營業戶、機關戶、船戶或乞丐戶等。
（5）戶長姓名：男的填姓名，女的無名字填姓氏。
（6）戶長性別：分填男或女。
（7）戶長年齡：填實足年齡。
（8）戶長籍貫：照實填寫。
（9）全戶人口數：總計欄內為全戶男女人口之總數，男女兩欄分別填男口和女口之實數（全戶人口數中應包括戶長）再細分為親屬男女口數和非親屬男女口數。
（10）備註欄是留待進行調查時填寫的填法見「丁」項。

丙、如何編戶：

（1）以一個學區、保、或甲，為調查之最小單位。
（2）由調查區之北端東首開始，迂迴而南，至於西端而畢，就按此方向順次編戶。

（3）編戶時要約好保甲長一同前往。

丁、如何應用編戶册：

（1）應於每戶調查完畢時，立即在編戶册中該戶之備註欄內打『✓』符號，以表示該戶業經調查過。

（2）若某戶在家的人，不能將調查問題回答清楚，即將該戶保留起來，再順次調查下一戶，俟次日調查時，凡編戶册之備註欄內無『✓』之戶，即行補查。

（3）若全家短期外出，則在編戶册該戶之備註欄中註明，俟全區調查完畢時，再行補查。

（4）乞丐無一定住所，每次調查乞丐後，即將乞丐之人數，分別在編戶册的最後一頁註明，以備調查結束後，把編戶册與調查表互相校對時，若編戶册上乞丐之人數和調查表上之乞丐人數（即已抄在編戶册最後一頁之人數）有不相符合時，就應找出錯誤之原因。

（5）根據編戶册之順序，於調查開始之日，先行調查船戶，俟船戶和乞丐戶調查完畢，才開始陸地上的普通戶營業戶和機關戶等的調查。

貳：應該調查誰

一、普查日和人口標準在調查時的運用：

甲、普查日的意義：戶口概況調查之目的，是在知道一定時間的人口狀況，所以調查的時間愈短愈好，但是事實上往往不能允許在一日之內就把調查區內之戶口調查完畢，所以得決定一個日子，作爲調查之根據，整個的調查，都以這個日子爲標準，這個日子就叫普查日。

乙、人口標準：人口標準分下列二種：

（1）通常住所人口：通常住所人口，或稱住所人口，通常住所，是指通常居住睡覺的地方，因此偶然居住睡覺的地方，不能算通常住所，所以通常住所人口，就是包括本籍現住人口，和非本籍現住人口而言，本籍他往人口，則不被包括在內。

（2）籍貫人口：籍貫人口或稱本籍人口，包括本籍現住人口和本籍他往人口，但非本籍現住人口，和本籍他往人口之在外設有本籍者，即不被包括在內。

丙、舉例：凡遇人口有地域上之變動，在調查時，則以通常住所來決定，如某

怎樣做戶口調查

甲之通常住所在何處，就在何處將某甲調查，凡遇人口有時間上之變動，如某日有一嬰孩出生，某日有一人死亡，何者應加以調查，何者不應加以調查，則以普查日來決定，即是說，在普查日活着的人口，全加以調查，否則即不在調查之列，如果某甲同時有兩個通常住所，則以居住時間較長的爲準，如果某甲在調查期間，先後有兩個通常住所，則以普查日的通常住所爲準，如果某甲有兩個通常住所，而且在兩處居住的時間差不多，則以普查日某甲所在的通常住所爲準。

二、應該調查的人口：

（甲）到旁的地方旅行或住在醫院養病的親屬。
（乙）住宿在本宅的傭工。
（丙）同居親屬及非親屬。
（丁）調查第一日遇到的乞丐。
（戊）出外受訓的壯丁。
（己）調查時不在家，因犯罪而受一年以下的短期押禁者。
（庚）學校寄宿的教師和學生。
（辛）普查日以前出生的嬰孩。

（壬）普查日和普查日以後亡故的人。

三、不應該調查的人口。

（甲）客人。

（乙）不在本宅居住之傭工。

（丙）旅館的旅客（但若以旅館為通常住所者例外）。

（丁）鐵路上流動的工作人員。

（戊）受一年以上的有期徒刑或無期徒刑長時期不能返家者。

（己）普查日及普查日以後出生的嬰孩。

（庚）普查日以前死亡的人。

四、應該特別標明的人口：根據戶籍法，戶和口的身份、權利與義務，都有明白的規定，所以籍貫人口的總數，我們亦應加以調查和計算，為使整理材料時清楚明白，所以當我們把本籍外出而在外未設有本籍的人口調查之後，應立即在其姓名旁加圈標明。

叁：填表須知

一、一般填表方法：

华西实验区工作说明丛刊：怎样做户口调查 9-1-29（127）

怎樣做戶口調查

（一）調查表應由左邊第一行塡起，把一戶所有的人口塡完後，在與第二戶銜接之上面作『∨』，第一張調查表塡完，始能塡第二張。

（二）調查一戶或一個住所，須先把戶內所有的「姓名」和「與戶長之關係」問明塡好，如遇普通家庭，則先問與戶長的關係，後問姓名，問法是：「戶長的親屬通常住在家中的是那些？通常住在外面的是那些？」通常住在外面的塡好之後，就立即在此人姓名之旁加圈以區別他是屬於本籍他往之人口，如遇機關，則先問姓名，後問與主管人之關係，要小心，不能將任何人遺漏，尤其是嬰孩、老年人，和在調查時偶然外出的人。

（三）把各人的「姓名」和「與戶長之關係」塡妥後，再跟着一個人一個人的按項目發問，並將答案逐次塡好，不得遺漏任何項目。

（四）普通戶和船戶中的人口，都有親屬關係，所以若果被調查者不在家時，直接親屬也能代答，但在公共處所中，把「姓名」一塡好後，一定要尋得本人，按各項目發問，不能聽取旁人代答。

（五）表上各欄的空白，若不夠塡寫答案時，可以寫在調查表之旁邊或底面，但得註明補塡的是第幾人之第幾項目的答案。

（六）塡寫時須用毛筆，字跡須清楚，並不得出格。

68

（七）應先把調查表上的省縣鄉鎮保甲學區調查日期調查表號填好，填滿一張表格後，須在調查員字樣下簽名，表示對調查表中各項事實負完全責任。

（八）調查表號第一張爲第一號，逐次類推。

二、表格說明及塡法。

（一）姓名

（甲）執掌全家之財產及一切事務大權的人，就是這一家的戶長，他的姓名，應塡在每戶之第一位。

（乙）和戶長同姓的人，只塡名字不塡姓。

（丙）婦人沒有名字，可用姓氏代替。

（二）與戶長的關係

（甲）普通戶和船戶的戶長都塡爲戶長，公共處所塡爲主管人，寺廟塡爲廟主。

（乙）戶長以外的各個人按照和戶長的關係塡寫，次序如下：

戶長，配偶，直系尊親屬，直系卑親屬，旁系親屬，傭工，俾僕，所塡字樣爲「妻」「父」「母」「後母」「長子」「次子」………「長女」「次女」………「長孫女」「次孫女」………「大伯」「大伯母」「長侄」「次侄」………「長侄女」「次侄女」………「贅壻」「傭工」「婢」等，不得簡單的只塡「子」「女」「孫」等，更不得塡爲「父子」「父女」「母子」「母女」等，民國十八年前所娶之妾，在妻之後塡「妾」，以後娶者塡「同居家屬」，地位仍照塡在妻之後，若爲前夫或前妻之子女，則在該子女之表脚（或其他欄內）註明。

（丙）公共處所中，如有普通家庭性質的住戶，須先塡住戶的人口，如戶長又是此公共處所的主管人時，須在同欄內塡「戶長及主管人」

（丁）公共處所中之其他人員，職員和辦事員塡「辦」。侍役工友塡「役」，衛兵塡「衛」。

（戊）寺廟中的其他人員，和尚塡「僧」，尼姑塡「尼」，侍役傭工塡「役」，小徒弟塡「徒」。

（己）如主管人或廟主不在此公共處所或此寺廟內通常居住者，即不加以調查，調查表上之此欄內得無「主管人」或「廟主」等字樣。

（三）通常住所，調查地點應該就是被調查者的通常住所，所以除通常住所是在另外地方的親屬要加以調查外，其他的就不是被調查的對象。

（甲）通常住所在外的親屬，本欄中應填其在外之實際通常住所，並在其姓名旁加圈註明。

（乙）如爲公共處所，應該把公共處所的機關名稱填明。

（丙）如爲寺廟，應該填寺廟的名稱。

（丁）如一個地方同時有寺廟和機關者，兩樣名稱全要填明。

（戊）乞丐的通常住所，只填村名或街名或小地名。

（四）籍貫：

（甲）住所與調查區一致者打『△』。

（乙）外省外縣籍者填該省縣名。

（丙）非本縣市籍者，按其搬入後居住時間之長短分別如下填寫：

（1）六月以下者，在填好之籍貫旁註1。

（2）六月至三年者，在填好之籍貫旁註2。

（3）三年以上者，在填好之籍貫旁註3。

（五）性別：分別填『男』或『女』。

（六）年齡：歲數欄填實足之歲數，出生年月日亦填實際之出生年月日，如年齡記

华西实验区工作说明丛刊：怎样做户口调查　9-1-29（131）

憶不清，或無法推算時，則塡天干地支，出生月日，按習慣以舊曆計算

（七）婚姻：

（甲）未婚：指未結過婚的人，在未婚欄打『△』，其餘各欄打『×』。

（乙）有配偶：指已經結婚而現有配偶的人，在有配偶欄內打『△』，其餘各欄打『×』，童養媳之未圓房者作未婚論，並在其與戶長之關係欄塡『童養媳』。

（丙）鰥寡，男人之妻子亡故未再娶曰鰥，女人之丈夫亡故未再嫁曰寡，在鰥寡欄內打『△』，其餘各欄打『×』。

（丁）離婚：男女結婚後，經法律手續或按習慣協議離婚者，在本欄打『△』，其餘各欄打『×』。

（戊）僧尼與婚姻無關，四欄中全打『×』。

（八）教育程度。

（甲）凡未讀過書的人打『×』，讀過或正在讀的則須問明『學校教育的程度』或『自己修讀約幾年』，如自修三年則塡『自3』二年塡『自2』餘類推，如爲學校教育則塡法如下。

（乙）讀傳習處的塡『傳』，讀完一期的塡『傳1』，讀完二期的塡『傳2』

、餘類推。

（丙）前清有功名的，秀才填『秀』，貢生填『貢』，舉人填『舉』。

（丁）私塾一年填『私1』，二年填『私2』，餘類推。

（戊）小學一年填『小1』，二年填『小2』，餘類推。

（己）初中填『初中』，年數類推，高中填『高中』，年數類推。

（庚）初高級師範及各種職業學校填『初師』，『高師』，『初農』，『高農』，『初商』，『高商』等，年數類推。

（辛）專門學校填『農』『醫』『工』『藝』等，年數類推。

（壬）大學填『大』，年數類推。

（癸）國內大學研究院填『研』，年數類推，國外大學研究院填國名如『英』、『美』『法』『蘇』等，年數類推。

（九）信仰，二十歲以下的人，人格尚未定型，無信仰之可言，故此欄打『×』二十歲以上者按各人之信仰，如下填寫，一個人有幾種信仰者，問明照填。

（甲）拜祖宗填『祖』。

（乙）拜偶像填『偶』。

（丙）佛教填『佛』。

华西实验区工作说明丛刊：怎样做户口调查　9-1-29（133）

（丁）道教填『道』。
（戊）回教填『回』。
（己）天主教填『天』。
（庚）耶穌教填『耶』。
（辛）無信仰填『無』。
（十）職業這一項是最難填的，特另在『五』職業之填法及舉例一段，詳加說明，此處從略。
（十一）殘廢。
（甲）殘缺：指四肢不全，如缺一手一足，手指或身體某一部份有不正常之情形如弓形，腿及手足拘攣等填『殘』。
（乙）盲瞎：指各類瞎子填『盲』。
（丙）聾啞：指既聾且啞者填『聾啞』，聾而不啞填『聾』，啞而不聾填『啞』。
（丁）低能：指智能薄弱，不能自食其力者，如呆子憨子等填『低』。
（戊）癲狂：指文武瘋子，長期失去理智者填『癲』。
（己）羊癇：發瘋時失去理智，不發瘋時和正常人無異者填『羊』。
（庚）廢疾：指癱瘓或半身不遂或長臥病床者填『廢』。

（辛）瘋癲：塡「瘋」。

三、職業之塡法及舉例

（一）幾個名詞的意義

（甲）有職業，凡因工作而得報酬或有收入者爲有職業。

（乙）無業，凡有工作而無報酬者，或有收入而無工作者，及非法生活者，皆謂之無業，做家務是無業，坐收租谷是無業，販賣鴉片是無業。

（丙）襄助職業：指不常參加某種工作，僅偶爾不規則的幫助而言，例如某人開雜貨店，他的妻子偶也幫忙照料生意，但並非全日的在店中照料，他的妻子應該是襄助性質的職業。

（丁）就學：指讀書的學生而言，既不算有業，也不算無業，調查的時候，若正當學校放假，調查員則須問一句：「年前是否曾讀書？」如答「是的」則按就學論，如答「年前未讀書而於來年預備入學」的則仍以未就學論。

注意：要熟悉普查日的應用，若過去有職業，到普查日已經休閒的人，仍按無業論。

（戊）正業和副業：凡全年所得報酬或收入之錢數最多的職業是正業，如兩種職業的報酬或收入之錢數相差無幾者，則以全年工作時間較長者爲正業

华西实验区工作说明丛刊：怎样做户口调查　9-1-29（135）

，工作時間較短者爲副業。

（己）行業與職務：行業是指所經營的或從事的事業，或工作的所在地，或服務處所，職務是指所担任的職務。

（二）無業及就學的塡法

（甲）無業：『行業』『職務』兩欄全打『×』，兒童未在學校讀書，同時也無職業，則以無業論。

（乙）就學：『行業』塡『就學』，職務作『△』，某甲如同時讀書，另外還有職業則看何者爲主，分別在正副業中塡寫，壯丁被調服短期訓練，不應以『就學』或『受訓』論，仍須塡其原來之職業。

（三）行業和職務的塡法

（甲）行業的問法和塡法

問：「作啥子事？」或「幹啥子工作？」

回答可能有三種：

1. 務農則塡『農』。

2. 回答之行業有工作場所者包括在機關、工廠、商店，或替戶做事或工作，如「興隆布舖作事」則塡『布鋪』，「吳公館做事」則塡『吳公館』。

3.回答之行業無一定工作場所者，則塡明所經營事業之性質，如「沿街叫賣豆腐」則塡『賣豆腐』，如「挑水」則塡『挑水』，如「修理機器」則塡『修理機器』。

(乙)職務的問法和塡法

1.行業爲務農者，其職務的問法和塡法。

問：「你是有規則的長期參加務農的工作，還是偶爾幫忙？」如答「僱工來耕種，自己只是照顧」者，則塡『管理人』，如答「長期參加務農工作者，」則塡『農工』，如答「僅偶爾幫忙者，」則塡『助農』。

注意：如偶爾幫忙務農的人，他還有其他的職業，則須分別按正副業塡寫。

2.行業爲有工作場所者其職務的問法和塡法：

問：「你的職務是啥子名稱？」如回答有職務名稱者，則塡其職務名稱，如職務名稱無確定的回答者，則可決定塡寫『店主或廠主』，『經理人或主管人』，『僱員、工人、夥計、或店員，』或『侍役、徒弟、或學徒』。

华西实验区工作说明丛刊：怎样做户口调查　9-1-29（137）

3. 行業爲無一定工作場所者其職務的問法和塡法：

a.「自己經營或受僱？」答爲「自營」者，塡『自』答爲「受僱」者，塡『僱』，二者必須決定一種。

b. 製造兼販賣抑僅販賣？或僅製造？答爲「製造兼販賣」者，塡『製販』，答爲「僅販賣」者，塡『販』，答爲「僅製造」者，塡『製』三者須決定一種。

注意

（甲）關於襄助職業，應該在職務欄分別之，行業爲農的襄 職業，已將其塡法具體說明如上，至於行業爲（2）（3）者，其工作性質，亦有偶爾參加，或幫忙照顧之情形，尤以家庭之兼爲商店者爲最多，應屬襄助職業，是以除按上述情形塡寫外，應另在『自販』等字樣下塡『助』字，（乙）如無製販情形者，須在自或僱字樣下打『×』不得僅爲『自』或『僱』字樣（丙）正副業的行業和職務之塡法一樣，唯應先分別何者爲正業，何者爲副業之後，再分別塡各欄之行業和職務。

（丙）對農戶之戶長應另問下列六個問題，並將答案分別塡在戶長之正副業的職務欄中，問題和塡法如下：

（1）你這一戶自己有田地嗎？（田和地全在內，與當的也算自有）

（2）你這一戶是自己耕種田地嗎？（若僅管理，仍不算耕種）

（3）你這一戶租入別人的地來耕種嗎？

這三個問題各有肯定或否定兩種答案，肯定則塡『△』，否定則塡『×』三個問題應有三個符號，而且這三個問題的目的，是在知道地權分配的情形，所以問和塡的次序，都不能更動，注意，這三個問題的答案，塡在戶長正業的職務欄中。

（4）你這一戶有耕牛嗎？有幾頭？

（5）你這一戶有豬嗎？雄豬幾頭？母豬幾頭？

（6）你這一戶有機台嗎？幾台鐵機？幾台木機？

這三個問題是爲開辦家畜貸款和機織生產合作社搜集材料，所以調查時，不能遺漏，注意：後三問題的答案，須塡在戶長副業的職務欄中，塡法爲『牛1』或『牛2』，『雄豬1』或『母豬2』『鐵1』或『鐵2』等。

（四）行業和職務的塡法舉例：

例一：戶長某甲之行業爲『農』，職務是『農工』，因他是戶長，所以應另外問

华西实验区工作说明丛刊：怎样做户口调查 9-1-29（139）

六個問題：

問：「自己有田地嗎」？答「有田地」，「你這一戶自己耕種田地嗎？」答「種地」「租入旁人的田地嗎？」答「租了幾畝」塡法則在其正業之『農工』旁加塡『△△△』『農△△△工』

問：「有幾頭牛」？答「一頭」「有幾頭豬」？答「母豬二頭」「有幾台木機？有幾台鐵機」？答「有二台木機，一台鐵機」，則在其副業之職務欄內加塡『牛1母豬2木2鐵1』。如其副業的行業爲『編布』，職務爲『經理』則塡如『經牛1母豬2木2鐵1理』。

例二：某人的行業是「在縣府財政局」，問「職務是啥子」？答爲「書記」，照塡「書記」。

例三：某人在益豐布號任事，担任的職務是幫老板接待顧客，則行業塡「益豐布號」職務塡『店夥』。

例四：某人在陳公館燒火煮飯，則行業塡『陳公館』，職務塡『廚子』。

例五：某人賣米粉，問「自己經營，還是受人僱用」？答爲「自己經營」則於其行業中塡『賣米粉』，職務中塡『自』，又問：「自己做的，還是買來賣

74

的」？答爲「買來賣的」則於其職務欄中加塡『販』字如『自販』。

例六：某人背草鞋在街上賣，問：「自己經營，還是受人僱用」？答爲「自己經營」則其職務中塡『自』又問：「自己做的還是買來賣的」，答爲「自己做的」，則其職務中加塡『製販』如『自製販』。

注意　如某人的職務，有特殊情形，調查員對其行業及職務不能按上述辦法歸納塡寫時，則在「行業」「職務」兩欄中盡量將此人之職業性質和担任的事務，詳加描寫，並記在日記本上，俟調查回來提出討論，或函訊區本部，再決定塡法，又如欄內不夠塡寫時，可塡在表的旁邊或底頁，但須註明補塡的是第幾人的何種項目。

肆，調查者應該特別注意的幾件事

（一）熟悉普查日和人口標準的運用。

（二）不遺漏任何人，特別是老人和小孩的調查。

（三）不要忘記調查船戶和乞丐。

（四）不要忘記調查每戶離家的親屬。

（五）不作估計或間接訪問，一定要直接訪問，向戶長或該戶的老年人直接調查。

华西实验区工作说明丛刊：怎样做户口调查　9-1-29（141）

（六）不能抄襲從前的戶口調查册。

（七）不能把幾戶的人召集在一處問話，應該親自到每戶直接調查。

（八）遇到調查表內任何項目不能填寫時，應該詳細記下，提出討論，俾至能正確填寫為止。

註：這本「怎樣做戶口調查」的小册子，多取材於雲南省戶籍示範工作報告（民國三十三年二月清華國情普查研究所版）特此附誌

华西实验区工作丛刊之一：璧山狮子乡社会调查工作纪实（一九五〇年元月） 9-1-79（2）

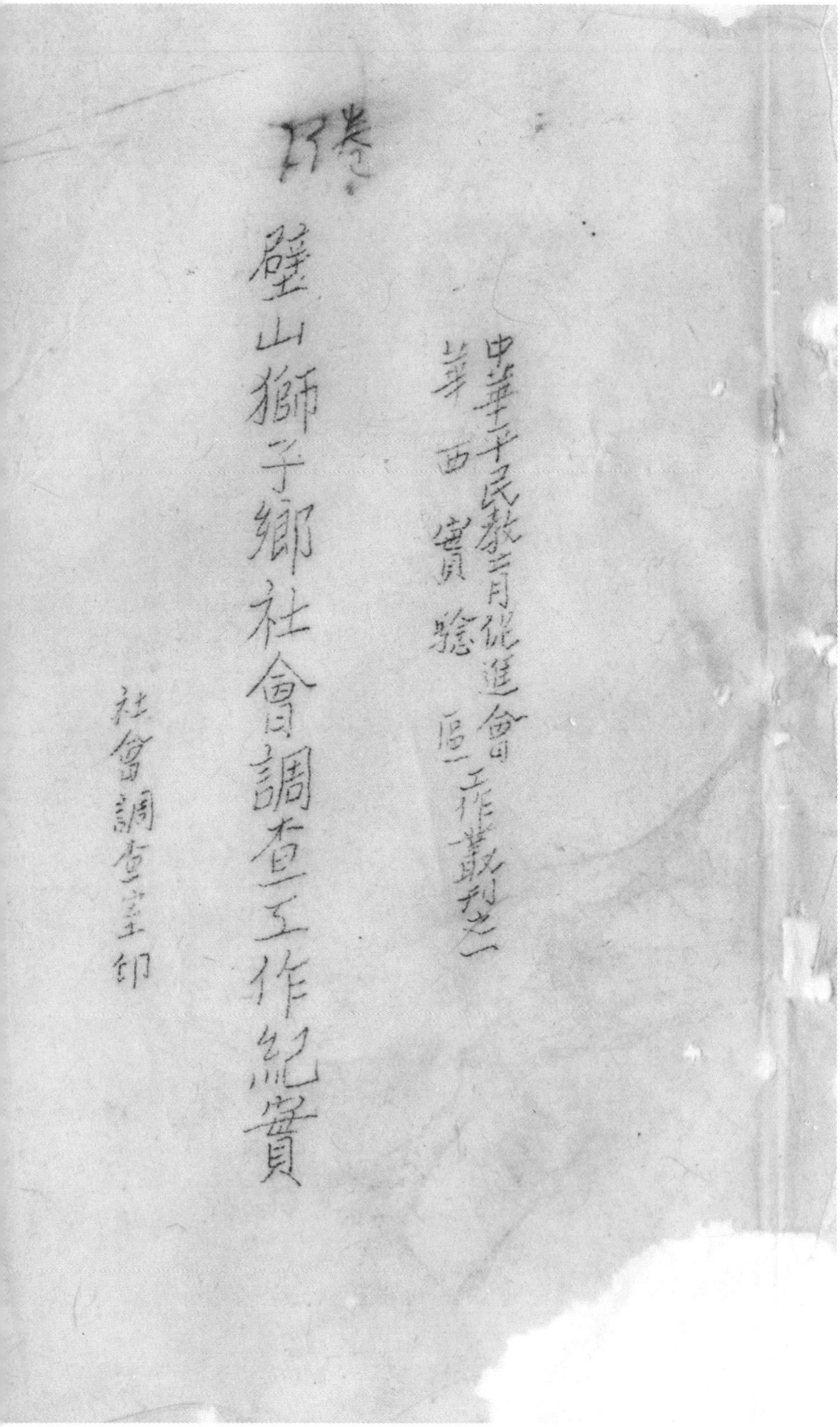

77卷

中華平民教育促進會
華西實驗區工作叢刊之一

璧山獅子鄉社會調查工作紀實

社會調查室印

华西实验区工作丛刊之一：璧山狮子乡社会调查工作纪实（一九五〇年元月） 9-1-79（3）

编寫者 余啟德

校訂者 任寶祥

印刷日期 五〇年元月

印刷地址 璧山本區總處

社調 2;100

2

璧山獅子鄉社會調查工作紀实

壹 獅子鄉概況

一、沿革

獅子鄉原名獅子場，新縣制推行時，更名為獅子鄉，是璧山直轄鄉鎮之一。計十二保，一四〇甲，二、三四九戶，人口一二、二五九人，其中男子六、六五三人，女子五、六〇六人。從前堪輿家咸謂該地龍脉形象酷似一對獅子，因有獅子場之名。獅子場就在一個獅子的身邊，場西有双獅橋，亦依地形得名。場南有行獅廟，即鄉公所所在地，所以命名行獅者，蓋非睡獅，圖吉祥耳。

二、自然環境

（一）位置與面積

獅子鄉位於成渝公路上，約当東經一〇六度一三秒，北緯二九度三八秒（註二）。北至縣城約二十華里，至城東、咸南、中興、各鄉均為十華里，西至丹鳳鄉約十五華里，東至巴縣約五華里，全鄉面積四百八十餘平方華里，合二十二平方公里，已耕地一萬五十餘老石，合四萬五千餘市石，以四市石折合一市畝計、（註二）約合一萬一千多市畝、折合八平方公里，全鄉人口為一二、二五九人，用全鄉面積計算人口密度，一平方公里須居住五五七。二八人、用耕地面積計算人口密

保等地區為之。南部及西北部皆為平原，兩者比例約為三比七。平原區中亦間有突出之丘陵地，與平原相比，亦約為三比七，故全鄉地勢東面高而南部及西北部皆低。

鄉東橫臥一大山，在璧山稱東山，在巴縣即稱西山，海拔約三五〇公尺（註三）。當地名勝有虎峰山，為璧山八景之一，場後有一河，由璧山城南鄉入境出中興鄉，全長約廿餘華里，若將全部劃為山與平原區，山區地多貧瘠，平原區雖頗富饒，適于農作，但以水利不興，致灌溉困難，

（三）氣候與雨量　獅子鄉氣候，夏既酷熱，冬亦嚴寒，以一九三七年到一九四六年按月平均溫度而論，七月份最高，達攝氏二九度，一月份最低達攝氏八．五度（註四），雨量最多時期為八月份，依一九三七年到一九四五年雨量記載：平均降雨一〇一．五公厘。最少時期為一月份，計降雨七．九公厘，全

註一　引劉恕樑四川氣候誌中璧山的材料，四川氣象所，廿七年三月，

註二　李仁柳：論決土地問題與合作農場，引劉明夫計算「稻田每市畝平均收穫四市石」新中華五卷七期。

3

註三 見註一
註四 見註一

年降雨總量共五〇八・四公厘・（註五）

註五 見註一

三、人口性質與人口區

（一）人口性質

甲、固定性 獅子鄉全境有廣大平原，耕地較易，村戶兼以織布為副業者甚為普遍，蓋織布可彌補只靠農業維持生計之不足耳。住戶多為張獻忠屠川之後，由湖廣遷來者，此種移民中，以朱、劉、王、張、曾、柯、陳諸姓為多，在調查期間，仍佔全鄉總戶數之半，該鄉人口極稱固定，縱有時發生人口流動現象，但均為販賣布疋或織布之人的暫時離鄉，尚不足以証明人口流動性大，至於遷入人口亦因交通關係，為數甚少。

乙、性比例 全鄉人口計一二，二五九人，其中男子六、六五三人，女子五，六〇六人，性比例約為一一八・六八・與正常現象略異，或係殺女嬰風俗所致？

0—以上三組·係依此三組人數的百分比分·為增多、穩定、與減少三類·本調查依宋氏人口三類法，可知獅子鄉人口顯在增多與穩定兩類之間，下表即可見一般：

獅子鄉人口與宋巴特三類人口之比較

年齡組	獅子鄉人口百分比	增多數	穩定數	減少數
總計	100	100	100	100
0—14	40.01	40	33	20
15—49	43.67	50	50	50
50及以上	16.30	10	17	30

（二）人口區

甲、鄉場　獅子鄉的鄉場場址在第一保（亦即鄉公所所在地）·地位約為全鄉中心·計有十二甲·一八一戶，人口為八六九人·其中男子四八二人，女子三八七人·人口密度為全鄉冠，住戶鱗次比連，又以街道狹窄·更顯擁塞不堪·依聚落分類，獅子場應為密集聚落。

乙、山區　河東面雖有小部平坦之地和丘陵地·因山地帶多·仍可列為山區·計包括二、三、十一、十二等四個保的大部份·

华西实验区工作丛刊之一：璧山狮子乡社会调查工作纪实（一九五〇年元月） 9-1-79（8）

此四保共計四五甲、七七四戶，人口三八二〇人，其中男子二〇八五人，女子一七三五人，佔全鄉人口百分之三一·二·

丙、平原區 計包括一、四、五、六、七、八、九、十等八個保，聚落分佈亦呈點狀，比之山區，口人聚密集，計有九十五甲，一五七五戶，人口八、四三九人，其中男子四、五六八人，女子三八七一人，佔全鄉人口數百分之六八、八。

獅子鄉戶口依山區平原區分配表 1949年4月13日

保別		甲數	戶數	人口數			備註
				合計	男	女	
總計		140	2349	12,259	6,653	5,506	
山區	第二保	12	258	1,340	740	600	
	第三保	12	186	983	539	444	
	第十一保	10	128	599	340	259	
	第十二保	11	202	898	466	432	
	合計	45	774	3,820	2,085	1,735	
平	第一保	12	181	869	482	387	
	第四保	11	187	1,083	583	500	
	第五保	13	214	1,139	615	524	

4

华西实验区工作丛刊之一：璧山狮子乡社会调查工作纪实（一九五〇年元月） 9-1-79（9）

[illegible]	[illegible]	[illegible]	[illegible]	575	501
第八保	12	183	1,010	532	478
第九保	12	178	1.008	550	458
第十保	11	190	1.068	594	474
總合計	95	1.575	8.439	4.563	3.871

※ 鄉場所在地

貳 調查工作的經过

一、調查的內容 本次調查包括人口、經濟、生育、飲水等四種，此外并與集有關農村建設及獅子鄉社會概況資料。

二、調查的階段 任何社會調查工作的全部過程，可分為三個階段：第一為準備階段，第二為進行調查階段，第三為統計編寫階段，本報告只限於[illegible]二階段的各種經过情形，茲分別簡述如下：

（一）準備工作階段 自一九四九年三月廿五日起至四月十八日止，包括：

甲、接洽調查并訪問調查區 決定接洽與訪問的目的、對象及事項等。

乙、編製各種調查表及說明手冊——所編表格計有人口、經濟、生育、飲水等四種調查（見鉛印附表），說明手冊編製成冊者，有「怎樣做戶口調查」，「社學區戶口經濟調查表之說明及填法」、「已婚婦女生育調查表格說明及填法」及「審核表格須知」等。

(二)、進行調查階段 一九四九年四月十三日起至五月廿日止。

甲、調查隊的組織

1.工作人員共計十八人，計本室全体同仁十人，鄉建學院畢業实習同學八人。

2.組織 設隊長一人，由本區社會調查室幹事余啟德先生担任，對外共各方面接洽聯繫，對內指導調查技術，并辦決一切有關調查問題等；設總務股，股長由宋德銓同志担任，負責調查隊經費之收支及其他事務；工作股，股長為鄭体思同志負推行工作計劃及收發審核及整理表格之責；生活股，股長為張學華同志，負責全隊生活上之一切事務，如食住之安排，并執行生活紀律。隊員有黃紹蘇、李麗清、黃良瓊、劉滿真、陳容、羅善修、程德芳、王義君、李世芳、袁璃心、楊昌福、張昌元、朱鐵英、杜學政。以上各同志除均任調查工作外并分別協助各股辦事。

乙、調查員的研習

1.研習標題

(3)已婚婦女生育調查表之説明及填法

(4)審核表格須知

(5)疾病常識

(6)婦嬰衛生

(7)我們對社會調查的看法

前四種由〔(5)(6)均〕余敬德先生主講，并領導討論；疾病常識及婦嬰衛生分別由王正儀、谷韞玉兩醫師担任。

2.填表实習　本室將印就題目，分發各調查員依題填寫人口表，然後收集加以審核，并將各種錯誤分類彙編，以為在檢討會中提出討論，予以改正。

3.調查实習　調查員携帶各種表格，分赴附近農家從事調查实習，实習完竣，本室則將填就各表收集審核，指正錯誤。

4.檢討會　在糾正实習期內填表的錯誤，并解答一切有關調查技術之疑難。

丙、進行調查

1.分區調查　依地形及人口分佈，將獅子鄉分為下列各區，并以一保為單位（一保調查完畢，始得進行另一保）進行調查。大致山區先調查，平原區後調查；鄉場為隊部所在

6

地，乡在雨天進行調查。

2.分組進行 按保甲地域之遠近及戶數之多寡分組進行編查，地域遠而戶數多者，調查員可四五人一組，地域近或戶數少者，則二三人可成一組，此外并採交叉方式進行調查，即今天同為一組者，明天即分散在其他各組，務使調查員都有同在一組的機会，俾可互相交換經驗。

3.宣傳 配合有關本區教育，農業，經濟，衛生，四大建設已有之各項設施，說明調查的意義和目的，宣傳則於各种集會如場期，招待地方人士茶會，各保々民大會，編戶及調查填表時為之。

4.編戶

(1)以一保為調查區的最小單位，在調查一保之前，即先在这一保進行編戶工作。

(2)由一保此端開始逐遍而至彼端，依此方向順次編戶。

(3)編戶時約好保甲長一同前往，因為他們熟悉一保的地形和戶數，幫助解釋調查員的來意，可供調查員的諮詢，并可為調查員照應惡犬

(1)每天上午七時出發遠的地帶，即携帶乾代午飯，至晚方歸，近的地方，則于十二時回隊吃中飯，一時半再出發．

(2)編戶的順序，挨戶填表．

(3)將人口、經濟衛生、飲水等四表逐項向填，

(4)同時用記事冊蒐集有關材料

6、覆查和抽查

隊長或工作股長發現所填各項遇有錯誤時，即將錯誤來源指明，交付原調查人再行覆查，但表格中的錯錯誤，有些是無法審核出來的，為使調查員認真工作，減少錯誤起見，工作股當於一保調查完竣後，以任意選擇法選出該保表格若干份．分發給任何一個調查員（不是原調查員）重新調查．

7、審核

(1)審核人員，隊長及工作股長為審核工作主持人，其他調查員亦同負審核工作之責，蓋本室調查員均為大學以上畢業，且多受專業訓練者，每人皆具審核工作之能力也．

(2)審核方式

(i)調查員自行審核

(ii)調查小組交換審核

(iii)審核工作主持人審核

(3)審核時間，每日下午七至九時為調查員自行審核和調查小組交換審核時間，逢場(二、五、八)天下午，為審核工作主持人審核時間。

(4)審核標準，根據本室編製審核表格須知逐項審核。

(5)記事冊的審核，審核工作主持人得校閱每個調查員記事冊上所記錄的材料，如含糊不清，或对某問題并不深入者，即向該調查員提出，務使能將不完全不清晰的材料，重新蒐集，并加解釋，如有關調查進行中之困難和問題者，即加以彙編以便提到檢討會討論。

8、整理

(1)表格和記事冊上的錯誤，分別覆查和抽查，

(2)經过審核無誤的材料，由工作股整理歸檔。

(3)彙編表格以外的材料和特殊問題的說明與解釋。

9、檢討會

(1)參加人員：全体隊員。

(2)開會時間：多在場期天上午舉行。計開檢討會九次。

(3)會議內容：

(1)工作進度的檢討

(III)向題討論，(尤注意紀事冊上的材料的討論)

(IV)調查工作改進的各種建議．

丁、調查的結束

1、調查所用的時間

1、經常工作人數　全隊工作人員除病假外，实際担任調查工作者，僅以十五人計算．

(2)每日平均工作時間，每日上午七時出發至晚方歸，除中午暑為休息外，全部在外工作時間，平均每天每人以八小時計，十五人每日共工作一百二十小時．

(3)全部編戶調查時間，編戶調查工作自四月十三日開始，至五月廿七日結束，除因逢場留隊工作(計有十三天)外，共工作卅一日，以十五人每日一百二十小時計，共工作三千七百二十小時．

(4)每戶編查所用的時間，獅子鄉區共二千三百四十九戶，全部編查時間共三千七百二十小時，平均每編查一戶，約需一．五八小時，合一點卅五分鐘．

2、調查所用的經費

1、工作人員薪給．自籌備之日起以兩月計算，計隊

8

長一人，月支卅元．隊員七人月支廿五元者五人，月支廿五元者一人，月支廿七元者一人，共三九四元．鄉建學院畢業實習同學八人，共二八〇元，男女工各一人，共十六元．所支薪餉總計為六九〇元．（均為銀元數）．

（2）公旅費：公費指購置文具什物而言，旅費為津貼出外調查之費用．二項費用共合二百零八元（銀元數）

（3）調查表印刷費：本室印製調查表格共四种其分數及費用如下表：

表名	大小	份數	排（元）	印（元）	紙張（元）	合計（元）
人口經濟表	八開	3000	48	15	23	73
生育表	八開	3000	48	30	10	88
飲水表	廿二開	3000	7	5	3	15
總計						176

（4）其他費用，如炊具設備，編戶表說明，手冊印製費用等約五〇元（銀元）

（5）全部調查費用：全部調查所需費用如下表：

工作人員訓練	690
公旅費	208
雜費	176
其他	50
總計	1124④

註①②③④：当時金元券貶值，市場交易媒介異常紊亂，璧山多以紗易物，而且用品價格亦多依紗價為標準，本隊所有開支係以当時所用貨幣折合為當時本縣當時（第三四）所值之銀元數。

(6) 調查一戶所需費用：據上四种費用共計一千一百二十四元，全鄉戶數為二三四九戶，平均每戶編查所需費約為〇．四七元④。

3、話別

(1) 茶話會　調查工作完竣後，即於五月廿九日舉行話別會，向地方人士話別，并在茶會上與之交換有關調查意見，大家相談甚得，氣象和諧。餘興中獅子鄉第十一保保長曾德新先生，代表全鄉人士的意見，唱花鼓詞一廟献與本隊，詞如下：

花鼓詞

五月是端陽，調查此入此，祇為工作往前闖，辛辛苦苦实難当，
太陽明亮亮，落雨水迷迷，背起草帽下四鄉，不怕不怕水迷迷，
請向我家常，提筆記此此，这户記了那户往，一天一天都在此，
承隊來我鄉，未設十里壟，總所列位要包藏，原諒原諒我敝場。

8

(乙)返處　五月卅日全隊乘馬車逕返璧山本區總辦事處．

叁、調查的困難、問題與心得

一、調查所遇的困難與問題　此次調查所遇困難與問題甚多，但總括起來，不外下列數種；

(一)一般的困難及問題

甲、季節問題．調查期間正值炎暑開始，加以山區地方、調查員汗流夾背．辛苦異常

乙、出賣勞力者．甚難找到去處．更難尋得接談机会．

丙、地方辦事人員常加阻撓，如阻撓調查攤派問題，

丁、飲食起居的問題．如調查時甚難得到開水，午餐須自帶乾糧．蚊虫太多，睡眠困難．

(二)調查員本身的問題

甲、多重視資料的數量方面，而忽略了質的方面．

乙、平凡的事往往不加注意．

丙、常用主觀意見回答問題．

丁、未能活用發問的方法．

戊、語言詞彙甚難使農民了解．

甲、对调查怀疑，以为要拉兵派款
乙、对所问问题了解不够，或记忆不清。
丙、缺乏回答问题的经验，常所答非所问。
丁、因风俗或其他问题限制，不愿回答。
戊、不说实话，免遭欺骗。

四、表格所引起的问题

甲、人口表

(1)人口表内通常住所一栏，未能表明是调查区内或区外的人口。

(2)人口表从职业一项分不出佃农的身份。

乙、经济表

(1)田土未分列，不能计算全境实有耕地面积，盖人计田，而忽略土面一项也。

(2)因换约而引起加租加押的材料无相当项目。

(3)土地所有权，常发生下列各问题

(i)业佃表不符

(ii)因佃地主无法确定。

华西实验区工作丛刊之一：璧山狮子乡社会调查工作纪实（一九五〇年元月） 9-1-79（20）

9

佃、分家弟兄共租田上無法分填，致使耕地有重覆遺漏之弊

(4)經濟表亦無法確定僱農身份

內、生育表 生育表未列難產的項目

二、調查心得 在調查期間內，尚有以下各種心得，是值得提出的：

(一)調查從經驗得知：一個社區的所有土地及所耕田地，須依人和地兩种標準，依人的標準，可知這些人在區內或區外所有土地和所耕田地共有多少·從地的標準，這些地的所有權和使用權，在區內和區外的分配和集中情形，也能一一明白，兩种標準并用，方能看出一個地區的經濟生活的全貌、

(二)社會事實有着不可分的兩部份：一部份是可以看得見的，但有時也須藉語言為之解釋另一部份是看不到的，又須用自己的經驗体會和自己的語言表達，才能使觀察者或被調查人明白，所以語言的運用，對于調查異常重要·

(三)搜集真实的材料固靠各种調查方法與技術，但運用方法與技術的人，除與相当熟悉及对調查工作切实了解外，对

(四)由經驗得知調查員除蒐集數量的材料外，更注意作質的描寫，以示質量並重之意，

(五)調查員若能脚踏实地的工作，能够吃苦耐劳，对於被調查者寄以同情與帮助，并虛心請教，獲得真实的材料是不太困難的。

(六)造成一個利于調查的環境，固靠各調查員自身的努力，但本區鄉村建設的成就，亦属重要，換言之，農民若真能受到本區建設工作的实惠，老百姓一定歡迎調查、地方人士一定協助調查，獅子鄉的調查工作，能够順利進行，是靠上述兩種條件所奏功的。

原文較長，以限於篇幅，經本人删改者亦較多。删改之處如有錯誤，統由本人負責。

校訂者附誌

华西实验区工作丛刊之一：北碚黄桷镇社会调查工作纪实（一九五〇年二月） 9-1-105（7）

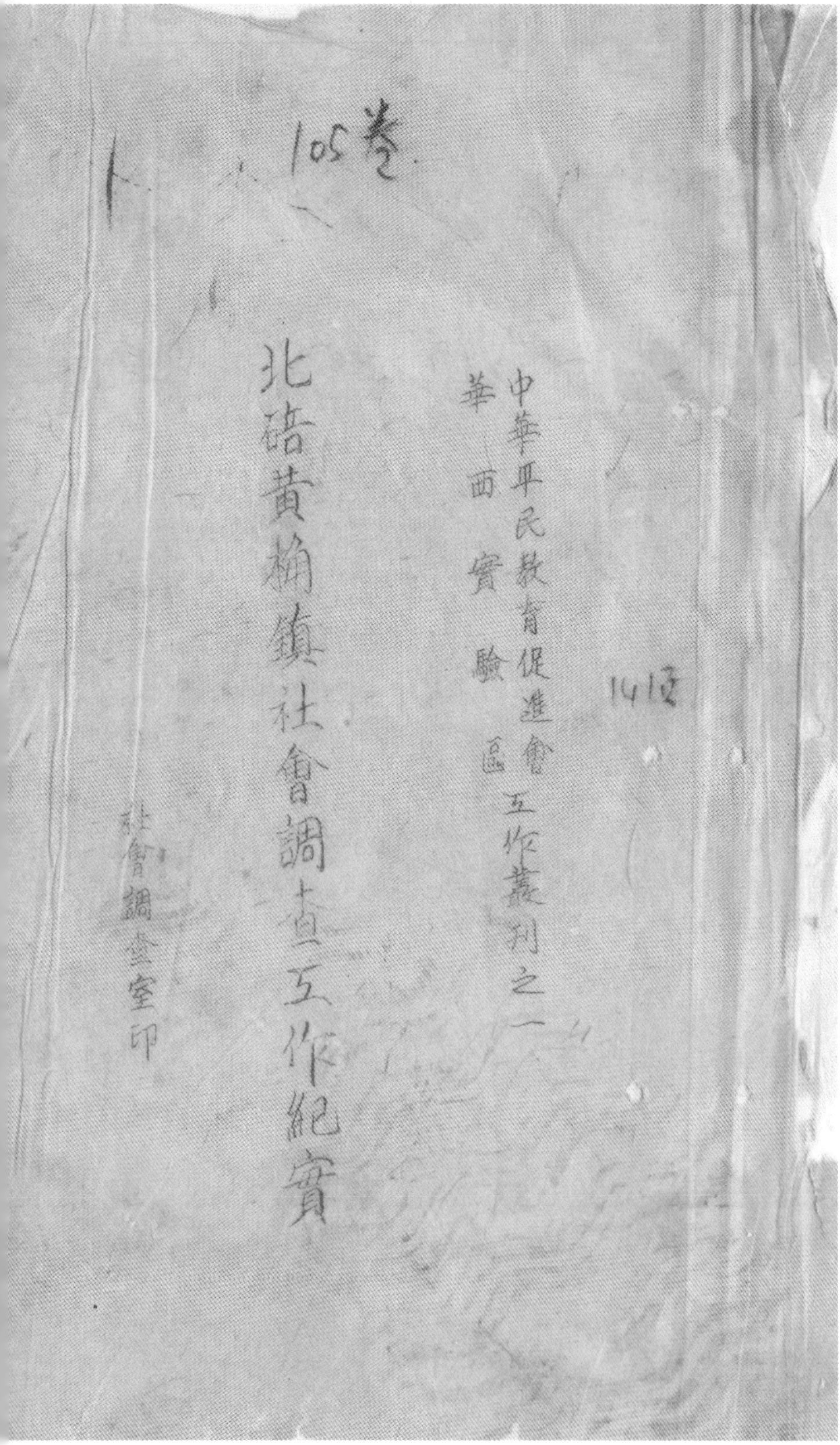

105卷

中華平民教育促進會
華西實驗區工作叢刊之一

北碚黃桷鎮社會調查工作紀實

社會調查室印

141頁

編寫者 [illegible]蕭立
朱德銓
校訂者 任寶祥
印刷日期 一九五〇年二月
印刷地址 四川璧山本區總處

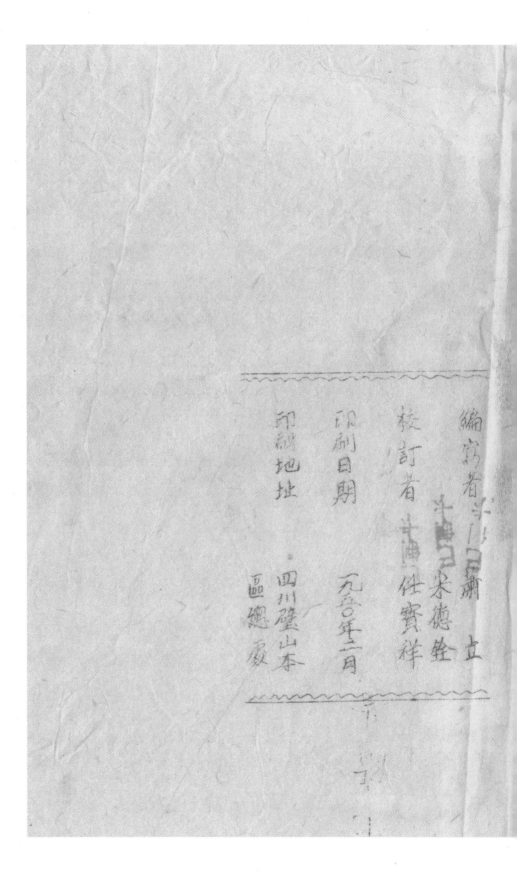

华西实验区工作丛刊之一：北碚黄桷镇社会调查工作纪实（一九五〇年二月） 9-1-105（9）

北碚黄桷镇社會調查工作紀實

第一、調查工作隊的組織

北碚黄桷鎮社會調查工作隊係由本區社會調查室同人九位，鄉建學院社會學系三年級實習同學二十九人合組而成，由余啟德同志任隊長，宋德銓、蕭立兩同志副之，復設各股，其股長及幹事均由全同仁中互選。茲將本隊的組織情形簡述如后：

正隊長——余啟德
副隊長——宋德銓、蕭立
總務股——宋德銓、向宗彥
會計——張嘉航
出納——王義君
事務——宋恩均
工作股——蕭立、張學華
保管——李有菴
收發表格——鄧婉有
審核——朱鐵英、陳華昭
生活股——杜學政、羅[illegible]
衛生——李世芬、李家珍

員會　周正岐

唐崇振

調查工作通訊編輯委員會——朱鐵英、羅人俊、蔣年榮

第二、調查工作的紀實

壹、準備工作

一、觀察和訪問：調查應先有設計，設計必須根據事實，觀察和訪問所要調查的社區，以明瞭它的概況，是在調查以前非常必要的工作。因為：第一、它可以帮助決定表格的內容，任何社區皆有其經濟社會的特質，不能獲該社區的特質坐在辦公室內擬出的一套表格，未必適用於所調查的社區。第二：可以帮助擬定計劃，調查開始之先，若能根據假設明瞭社區的社會事实，就可以決定調查工作所需時間，人力、經費等。本室為了了解當地社會內除，乃派員會同鄉建學院梁楨先生赴北碚拜訪北碚管理局盧子英局長及黃桷鎮龔肇章鎮長，除說明此次調查工作意義外，并請求協助，在鎮公所又獲得黃桷鎮概况册一本（包括自然、社會、文化等概况及主要物產等）、鎮公所組織、各保甲長、保民代表、民教主任等姓名，本鎮地圖一份，此外，并訪問了本鎮農家三户，藉以明瞭当地農民生活概况，組

3

佃制度，農產种類等．

二、表格編製

訪向黃桷鎮歸來，即着編製表格，因調查的目的在搜集中國農村社區的主要事实，以為鄉村建設的張本，故在材料搜集方面便有所選擇，即調查內容着重下列幾方面：

第一、人口：人口是構成社會的基礎，欲開發民力，必先知道人口的數量、品質及其結構等、這裡我們應用了清華大學國情普查研究所在呈貢舉辦的人口普查所用的人口調查表，作為我們此次的「戶口調查表」．其項目為：一、姓名、二、與家長的關係、三、通常住所，四、籍貫，五、性別、六、年齡、七、婚姻、八、教育程度、九、信仰、十、職業、十一、殘廢、十二、其他等十二項．

第二、經濟：為明瞭社區經濟狀況，我們以家庭為單位，擬定了「社學區經濟調查表」，內容為：一、田土面積、包括自有、租入、租出、及租佃情形（地主或佃戶姓戶、租入或租出數量，交租數量、應得數量、租佃時間、押佃、第一次及第二次換約時間，加押或減押數量、加租或減租數之二、地權轉移、三、肥料、四、家畜及家禽、五、房屋、六、戶長農暇工作、七、去年田土之正產、其副產、八、菓木、九、製造業或機械工業、十、販賣貨品、十一、生活必需品，十二、去年全年收入，十三、〃〃全年支出、十四、借貸、十五、備註

华西实验区工作丛刊之一：北碚黄桷镇社会调查工作纪实（一九五〇年二月） 9-1-105（12）

有關資料，斯項表格着重於組佃關係地權轉移，農家收支等、付印前曾經做過試查．
第三、生育：本區衛生組及聯合國文教組織，為調查農村婦嬰衛生狀況，和嬰兒出生死亡率，委託本室代為蒐集此項資料，至於表格并未另行擬製，只將用本室舉辦獅子鄉調查時所用「社學區概況調查」第三表「生育」各舊有項目，生育調查是以一對戶長夫婦為對象，包括夫妻概況及生育概況兩大項，前者有：一、戶夫妻之姓名，二、與戶長之關係，三、通常住所，四、籍貫，五、年齡、六、結婚次數，七、信仰，八、職業，九、殘廢，十、夫婦分居情況，十一、妻子生育能力停止之年齡，十二、死產，十三、小產，十四、附註；一、性別，二、出生地點，三、出生年月日，四、兒女現在年齡，五、出生時母親年齡，六、接生方法和接生人，七、剪斷臍帶之工具，是否清毒，八、如何處置臍帶，九、如何處置胎盤，十、如何處置初生嬰兒口腔中東西，十一、喂奶前喂什麼東西，十二、生後幾天開始喂奶，十三、喂奶前是否洗乳頭，十四、幾小時喂一次奶，十五、誰人喂奶喂何種奶、十六、產後母親健康狀況，十七、牛痘，十八、天花，十九、殘廢，廿、兒女死亡、廿一、附註．
第四衛生：衛生調查表分：一、臥房，二、飲水，三、去年該戶

4

死亡原因三部份，也是衛生組委託本室調查的，因項目簡單，未另作成一張，只付於經濟表之後，本表是依獅子鄉所用的「社学區飲水調查表」修改而成者。

三、調查員的講習 表格擬就後，即付梓，（一九四九年）七月二日，本室九人，鄉建學院社會學系实習同學廿九人，全体抵達黃桷鎮，隨即展開工作，首先舉行全体工作人員講習會，旨在交換經驗，說明各種表格的填法，并作農家訪問及填表实習，茲分述如次：

A. 講習會：七月五、六、七三日為本隊講習會期間，由本隊邀請本區衛生組各組長盧玉講「婦嬰衛生」，王正儀大夫講「疾病常識」，本區北碚輔導區主任田慧農先生講「北碚概況」，并由隊長余啟德先生講一、技對社會調查的看法，說明此次調查意義及方法，二、表格說明及填法（二次），逐項解釋人口、經濟、衛生、生育各表填法。

B、農家訪問：兩人為一組，分别至各保訪問一、二户農家，以該保概況作為訪問內容：包括一、自然、二、社會、三、文化、四、本保地主、五、本保人民所趕場（集）及販賣運輸情况、六、農家主業及副業等。各組訪問後須作報告，目的在使調查員學習如何

C.填表實習：為使調查員對調查表格嫻熟計，乃依户口調查表各項內容擬一題目，由調查員填表繳交，其有錯誤者，一則提出修正。

四、宣傳：講習會七月七日結束，八日舉行茶會招待地方人士，說明調查工作意義，盼予協助，如此宣傳可以減少調查工作的阻碍。此外并派員參加七月十二及十三日兩日黃桷鎮二十二保的保民大會，每保指派兩人出席，直接向民衆宣傳調查意義及其內容。

貳、調查工作

一、分組及編户 準備工作至七月九日告一段落，十日便正式開始挨户調查黃桷鎮所屬二十二保，并定十日為普查日，只調查這天的事件。

黃桷鎮的調查是採挨户調查法，以保為單位，全体工作人員共同調查一保，完竣後再開始第二保。但在調查之前，先與該保保長接洽調查時間，并請他轉知各甲長在約定地點等候，此外并向保長詢問下列事項：

A.該保的甲數及各甲的户數

B.甲長姓名，住地的小地名

C.各保保界及到本保的路線

D、最近及最遠甲數
E、地勢
F、地主及佃農
G、本保田土面積大畧數字
逢場日（三、六、九）日，保長都來趕場，訪向保長多在鎮上進行、
訪向之後，便開始分組及編戶：
A、分組：負責分派工作的工作股即按甲數多少，將調查員分為若干組，分組原則為：
1、依甲數決定組數即有若干甲則分為若干組；
2、每組人數多寡，以該甲戶數多少而定，
3、分組以輪流調動為原則，使每一調查員皆得與其他調查員有同組機會，藉以增進彼此向的了解並交換經驗、
4、為勞逸平均計，在此保調查近甲各組，在彼保則担任遠甲之調查、
此外分組時尚須顧到調查員的體力、個性、工作態度等條件，分組確是煞費斟酌的！
B、編戶 一群外來人，欲進入某一鄉村社區從事調查工作，須先與地方人士，機關與團体發生關係，關係愈密切，工

熟識的保甲長，可以作為調查員與農民間的橋樑，藉他們的介紹，可以縮短調查員與農民間的距離。故編户時，每組編户人須先會同甲長，由甲長領路，持編户冊挨户查編。編户冊的項目有：一、户號、二、原有户號，三、坐落地點，四、户別、五、户長姓名，六、户長性別，七、户長籍貫，八、全户人口數，九、備考等九項。編户為調查前的必要步驟，因為一可以登記全甲總户數，俾調查不致有漏户；二、可與户口調查表上有關項目對照及相互校正，三、便利初步户數及人口數統計 編户時須注意的事項：

1. 順院落次序編户
2. 同院落居住各户以括弧括上，由此可看出院落大小及人口密度。
3. 有患火院落加註符号：
4. 保長甲長須註明
5. 山上山腰住户須註明

編户完竣後即行挨户調查

二、挨户填表與運用記事冊　A.挨户填表

a. 工作分担：每組調查員至甲長家向明本甲户數後，即行分工，按户數平均分担，有先編户而後調查者，有一面編户一

6

丙、調查者。

6. 表格的問法：問填調查表格，須簡易通俗而有連續性，茲舉例如次：

甲、戶口調查表的

1. 姓名：某大爺，你叫啥名字？

2. 年齡：你哪個月哪天生？今年好大歲數？

3. 職業：（正業及副業）你做莊稼沒有？你自己下不下田？隔外（另外）還做不做啥子？

4. 教育程度：認不認得字？讀了幾年書？讀的是私學嗎？

本表每直行共十四項，有一人則問填一行，家庭人口愈多，所需時間愈長

乙、經濟調查表的

1. 田土面積：你做莊稼沒有？種了好多田好多土？老闆（地主）是哪個？在那裡住（住址）？佃約上欠好多租？哪年寫的（租佃時間）？押佃好多？換約沒有？

2. 去年田土之正產與副產：去年你撒的啥子谷種，撒了好多？種是自留麼？

丙、衛生調查表

卧房：房間頭有幾個窗子(卧房內)？幾張床？一共幾頂帳子？便桶白天都放在屋裡麼？有沒有蓋子？天天倒嗎？

丁、生育調查表的

1、結婚年齡及生育胎數：你好大(年齡)過門的？一共生了幾胎？(死)去過娃兒(小孩)麼？

2.妻子生育能力停止時之年齡：你好大歲數(年齡)身上乾淨(月經停止)的？

3、如何處置胎盤：你把衣色(胎盤)丟到哪裡？窖(埋土內)的嗎？丟在毛廝(廁所)裡？

4.產後母親健康狀況：你坐了月(產後)將息(休息)了好久？月子頭(裡)吃了幾個雞？好多蛋？

c、表格填法：前述四種表格中，三種有「表格說明及填法」，本室所編之工作說明叢刊「怎樣做戶口調查」，為編戶冊及戶口調查表的說明書，生育調查表係沿用獅子鄉的舊說明書，經濟調查表之填法說明書係從新擬定者，衛生調查表因問題簡單無說明書。

d、填表順序：先填戶口調查表，次為經濟、衛生兩表，再

7

次為生育調查表，如該婦所生子女有死亡者，則每死一子女即附「三十二種死亡病狀表」一張於生育表後，用以判明嬰兒死亡原因也，如去年本戶有人死亡，則將此表填就一張，附於經濟調查表之後。

B、運用記事冊

黃桷鎮的調查除了蒐集一般事實外，並配合着社區研究，即以社區研究配合社會調查，記事冊便能發揮社區研究的功能，而且調查員可以利用記事冊記錄自己有興趣的向題，要機械的填表為活生生事实記錄，如此可提高工作興趣，增加工作效能。在記事冊上須記錄下列各事：

a、調查員所感興趣之向題

b、家庭或個人之個案描寫

c、特殊事件和特殊向題

d、其他表格上所不能包括之事項。

C、挨戶調查的技術向題——社會距離的縮短

調查員與被調查者，因社會身份不同，心理的距離不易接近，這是農村調查的最大障碍，為克服此種困難，我们用了以下方法：

1、調查員與被調查者心理的適應

乙、服裝簡樸

丙、接受農民的善意

丁、言談多用「我們」等字眼

b. 語言詞彙力求與農民一致；調查員須應用當地土語，否則彼此言語隔閡，調查工作不易進行，譬如、在向他們「你們」有幾個孩子的「孩子」一詞應說成「娃兒」是．

c. 同情；調查員在調查時，對農民們的痛苦，還得表示同情．譬如遇有小孩患病，調查員則常拿出自己準備的急救藥品萬金油八卦丹等、給他們治療、

d. 調查員遇被調查者有需人協助之處，前者常幫此後者解決困難．

e. 瞭解：當被調查者因工作繁忙，或心裡不快，而不願回答調查員向題時，調查員決不強迫他們立刻回答，譬如：某調查員遇家主婦在用膳，感到不能調查，飯後又要下廚煮豬食，調查員不願強迫她停止工作來回答向題，只得也到廚房去，在她一面工作時，一面調查．

f. 習慣與風俗：調查的生活習慣須與調查者一致，譬如：在獅子鄉有燙髮女調查員被認為外國人，黃桷鎮的女調查

华西实验区工作丛刊之一：北碚黄桷镇社会调查工作纪实（一九五〇年二月） 9-1-105（21）（22）

8

員，則多將須擬成辮子，以合於地方習俗也。

調查黃桷镇各機關學校行會調查及地方領袖訪向了解，譬如各工廠為何能在黃桷镇生存？它對黃桷镇社會性質的禆益？能帮助它工業化麼？它的存在是否說明黃桷镇社區有無業化？又如镇公所對黃桷镇的控制力有多大？它与本镇人民的工商関係怎樣？再如各公會是否是現代化的組織？是否發揮了它的功能？凡此種種都須獲得解答，故在挨户填表之後，我們又分別調查了本镇各市業機関、學校、行會之一般概况，茲分述如下：

一、機関調查

A. 項目　機関調查事先擬有項目，然後依次詢向，其內容為一、沿革、二、組織、三、經費、四、業務、五、產品種類、六、材料來源、七、運銷地點方法：及運輸工具、八、員工人數待遇及其福利、九、設備、十、工具、十一、建築物、十二、資本性質股數和股金、十三、負責人畧歷。

B. 機関名稱及其性質　經本隊訪向公私事業機関十一個，[illegible]機関有公立大學一所，中

兹将其性質、名稱、及訪问内容列表說明於后；

性質	名稱	訪問內容
事業機關	廣生公司	沿革、組織、經費、業務、產品種類、原料來源、運銷地点方法及運輸工具、員工人數、待遇及其福利、設備工具、建築物、資本性質、股數和股金、負責人畧歷。
〃	天府公司編拖务	仝右
〃	大鑫大磚廠	仝右
〃	建國化學玻璃廠	仝右
〃	江南肥皂廠	仝右
〃	廣益化學工廠	仝右
〃	樹青碗廠	仝右

9

〃 〃	自强煤礦		仝右
〃 〃	蚕種製造場		仝右
〃 〃	衛生所	沿革、組織、經費來源、藥品來源、医藥設備、診療情形、員工人數及待遇、負責人畧歷、與实驗區関係。	
〃 〃	郵局	沿革、組織、職務、待遇、業務（匯兑、收發信件數與衰）	
行政機関	鎮公所	沿革、組織、各股業務、經費、負責人畧歷、	
〃 〃	保概况調查	所趕場集、該保面積、地勢、耕地面積、本保畧圖、合作農場、本保接生婆傳訊、二五減租糾紛案件、	
教育機関	私立相輝學院	沿革、組織、經費、校產設備、員工津貼及福利、學生課外活動及生活情形、學生繳費數目、	
〃 〃	保校（九所）	沿革、校址、經費、教師資歷、學生人數、課程教學、設備、教師及學生活動	
〃 〃	私立力行小學		仝右

〃 〃	中心校（三所）	仝右
其他	叫化院	叫化院的修築、收容户數、人數、組織、生活情形。

二、行會訪問

黄桷鎮的公會組織頗為發達，計現有公會九個，各自有其章程、負責人、經費等，茲將本隊所訪問公會的名稱、性質、訪問內容列表於次：

名稱	性質	訪問內容
屠宰業公會	經營豬肉販賣	名稱、會址、成立日期、會員人數、組織、經費、業務現狀
雜貨業公會	買賣油鹽糖碗玻璃及其他	仝右
綢布業公會	經售綢布	仝右
米粮業公會	經售米及雜粮等	仝右
旅食業公會	旅館、甜食、飲店等	仝右

10

總[illegible]業公會	上下坡力夫	仝	右
滑竿業公會	給滑竿力夫	仝	右
民船業公會	横江及順江船隻	仝	右
各業公會聯合會	以上各公會之聯合組織	仝	右

此外，在填表工作完成後，我們又拜訪了本鎮幾位重要地方領袖，如参議員吳從周先生，附鎮長龔肇章先生，本鎮旺族王姓閒人王訓能先生，郵政局長趙殿綸先生，從他們口中獲悉本鎮之沿革，黃桷鎮的煤業興衰，王氏家族等寶貴資料。

機關調查是由調查員親至該機關，與負責人直接談話，并实地参观其業務，公會訪問亦然。

填表調查工作於九月八日告一段落，其間八月二十一日至二十六日為審核表格期間，十四日以後再完成第六保及本鎮機關公會調查，及地方領袖訪問。

肆、審核與覆查

填表错誤的可能，調查員在填表時可能發生若干错誤，此種错誤多為無意的，茲列舉错誤發生的緣因。

法，致發生錯誤，如照規定生育表應以家長夫婦為調查對象而竟填該家長之兒媳生育情況。

三、被調查者未明瞭所提向題，往往答非所問，調查員亦未辨明是非，如被調查者將妻子的結婚年齡，誤答為自己的結婚年齡，調查員亦照答填寫。

四、氣候過熱，調查員心理煩亂，易生錯誤。

為減少填表的錯誤，俾利將來的統計，表格的審核成為調查過程中的必要步驟，首先我們選定了兩位同仁專門負責抽查表格工作，每保抽出若干戶來審核，而抽審不能完全發見每一表格之錯誤，乃決定全体審核，以四人負責此項工作，嗣因調查進行過速，表格累積太多，四人之時間精力難以勝任此艱巨工作，旋又決定暫時停止室外調查工作，全体同仁完全參加表格審核，在全体審核以前，每張表格還經過：(1)初步審核——調查員在表格整理工作中自己能發見若干錯誤、(2)分組審核——每小組分別交換審核等兩步過程，全体審核方法是全体工作人員分為三組，每組指定一負責人，而以本隊工作股負審核總責，并對覆查事作最後之決定，各組負責人職務如下：

(一)、領導該組審核工作，

11

(二)鑑定審核人所提出之錯誤；

(三)收發本組表格

表格審核須在(一)不矛盾(二)一致(三)完全(四)正確的原則下，嚴格認真地核對每張表格之各種項目及各表之相互關係，關於審核人之工作為；

(一)逐表逐項核對

(二)統計編户册之通常住所人口

(三)登記所審核用之地主及佃農，便於將來校對、

審核如發見錯誤，立即記錄於表格審核記錄表中，再分別詢問填表人，如此項錯誤可憑調查人記憶改正時則大加修正，其不能改正之錯誤交工作股派人覆查

工作股於獲悉該項錯誤後，乃將該表檢出重新審核，如認為次須覆查者，則將各保錯誤彙集起來，然後每保派一專人覆查、還查工作於一日完成。

全体審核工作於八月廿一日開始廿六日完成，共計審核十五保的調查表格(八—廿二保)，每日上午審核，下午詢問錯誤，審核工作始終在情緒緊張中進行。

伍、工作檢討會

黃桷鎮每三、六、九日逢場，逢場期間家長多不在家，調查工作

体調查員出席・討論內容

一、問填技術
二、各項未確定定義之討論
三、交換工作經驗
四、決定或修改工作計劃
五、專題講演
六、其他與工作有關諸問題

工作檢討會雖但收到了集体學習之功，而且也加深對工作的認識，減少調查技術的困難。黃桷鎮工作三月，工作檢討會前後共舉九次，每次發言踴躍，討論熱烈，其意義不可謂不大也。

陸、調查工作通訊

調查工作通訊旨在報導本隊同仁工作及生活概況，并刊載調查專題論文，每十日出刊一次，由特組之「編輯委員会」編印，共出刊五期，每期印發一百五十至二百份，分送江津柑桔防治隊・璧山總處、鄉建學院及北碚各界。

結語

黃桷鎮的填表調查工作共費二十八個整日，即三個月中有二十八天花在室外填表調查上，室內審核工作及檢討會時間不計在

12

内）約七小時，計調查二十八日參加工作人員共七八三人，每人每日以七小時計，則填表調查工作共費時五四八一小時。据目前粗略統計，黃桷鎮總戶數為二九四七戶，故以二九四九除調查所費總時數五四八一，即得每戶平均需時數一点五十一、六分

附經費報告

任何事業總離不開經費，例如事前考慮欠週往往會因此而影响整個事業。本隊經費事前曾與全体同仁詳加討論，並擬定預算經呈本區主任核准，惟以物價波動至实際開支時與預算仍有出入，其項目計分薪津、設備、文具、郵電、旅費、表格等項，茲將三月（七、八、九）內各項實際開支情形及所佔總數之百分比分列如后：

一、薪津：一八五八、九〇元佔總數百分之三六、三七
二、設備：四〇九、三四元佔總數百分之一四
三、文具、紙張、郵電：三一五、〇〇元佔總數百分之一〇、七五
四、旅費：二〇七、二五元佔總數百分之七、一
五、表格：一四〇、〇〇元佔總數百分之四、七八

以上五項共計支出貳千玖百叁拾元零伍角玖分正，此項僅包括三月內調查工作之費用，至於籌備工作以及將來